电气工程系列丛书

本书由江苏高校品牌专业建设工程资助项目（TAPP，项目负责人：朱锡芳，PPZY2015B129）、常州工学院 –"十三五"江苏省重点学科项目 – 电气工程重点建设学科、2016 年度江苏省高校重点实验室建设项目 – 特种电机研究与应用重点建设实验室、江苏省产学研合作 – 前瞻性联合研究项目（BY2016031-03）资助出版

U0320125

黄文生　著

并联机床
数字控制器的设计

江苏大学出版社
JIANGSU UNIVERSITY PRESS

镇江

图书在版编目(CIP)数据

并联机床数字控制器的设计 / 黄文生著. — 镇江 ：
江苏大学出版社，2017.12(2018.11 重印)
　　ISBN 978-7-5684-0715-1

　　Ⅰ．①并… Ⅱ．①黄… Ⅲ．①数控机床－数字控制器
－程序设计 Ⅳ．①TG659

中国版本图书馆 CIP 数据核字(2017)第 312570 号

并联机床数字控制器的设计

Binglian Jichuang Shuzi Kongzhiqi De Sheji

著　　者/黄文生
责任编辑/吕亚楠　吴昌兴
出版发行/江苏大学出版社
地　　址/江苏省镇江市梦溪园巷 30 号(邮编：212003)
电　　话/0511-84446464(传真)
网　　址/http：//press. ujs. edu. cn
排　　版/镇江市江东印刷有限责任公司
印　　刷/虎彩印艺股份有限公司
开　　本/890 mm×1 240 mm　1/32
印　　张/4.5
字　　数/160 千字
版　　次/2017 年 12 月第 1 版　2018 年 11 月第 2 次印刷
书　　号/ISBN 978-7-5684-0715-1
定　　价/29.00 元

如有印装质量问题请与本社营销部联系(电话：0511-84440882)

前　言

　　并联机床和数控技术都是 21 世纪最具发展前景的关键技术，本书在介绍了数控并联机床发展现状及趋势的情况下，介绍了并联机床的运动学研究现状与分析方法，阐述了并联机床主轴运动所需的各种插补算法及其实现方法，提出了一种基于并联机床的新型计算机数控系统设计方法，实现了并联机床的控制。具体研究内容与成果如下：

　　（1）介绍目前数控并联机床发展现状、分类、优缺点和发展趋势。

　　（2）以三平移并联机床为例，分析并联机床的机构构型，建立其位置正、逆解模型，并进行速度分析和综合加速度的计算。

　　（3）以三平移并联机床为例，采用弧度分割法实现插补算法，根据机床机构构型的分析结果和确定的各种参数，进一步介绍下位机的插补运算和上位机的运动轨迹运算的方法，从而实现控制器的设计。

　　（4）三平移并联机床数控系统设计步骤与方法，通过多 CPU 技术配以液晶显示以提高并联系统的功能和性能。

　　（5）用下位机与上位机的协调工作来提高专用数控系统的效率。

　　（6）根据已确定的尺度参数，按照各功能模块之间的输入、输出关系，将各模块按照一定的顺序装配成数字化样机；按照零件加工轮廓的要求，通过在运动平台上定义期望运动，模拟走刀轨迹；通过仿真，对机床的运动学参数进行评价。

　　由于作者水平有限，书中难免有不足之处，敬请指正。

目　录

第1章　并联机床概述

制造业是创造社会财富的基石,是衡量一个国家综合国力的重要指标,尤其是从 2008 年世界经济危机爆发以来,无论是发达国家、中等发达国家还是发展中国家,都将发展制造业作为增强竞争力、振兴国家经济的重要战略措施。

数控机床为整个社会的制造业提供装备基础,是现代工业发展必不可少的复杂生产工具,是保证高技术产业发展和国防军工现代化的战略装备。传统机床一般由动力源、床身、导轨、传动系统、工作部件、夹具等构成。传统机床的共同特点是工作时运动副的受力是一个力传递的过程,床身支承导轨、导轨支承工作台、工作台支承夹具,从而构成一个串联的受力环,故称之为串联机床。由于串联轴的配置,后运动的轴受到先运动的轴带动和加速,加工时切削力会作用到每一根轴上,故每根轴直径都需要较大的尺寸以保证工作部件的刚度。因此,串联机床都具有很大的质量,使得机床的进给速度难以增加、动态性能较差、轨迹误差较大。

1.1　并联机床的出现

并联机床(Parallel Machine Tool)也称为虚拟轴机床(Virtual Axis Machine Tool),是机床与并联机构相结合的产物。

并联机构由 Gwinnett 在 1928 年最早提出,他设计了一种基于球面并联机构的娱乐装置;1934 年,Pollard 发明了一种基于并联机构的喷涂机器人,取得了专利,但由于当时技术水平的限制,该机器人并没有真正实现;1947 年,邓禄普橡胶有限公司的自动化工程师 Eric Gough 博士设计了著名的 Hexapod 型并联机器人,用于轮胎测试并联机构,如图 1-1 所示;1965 年,德国 Stewart 发表了一篇论文,为了在训练飞机驾驶员的飞行模拟器设计中产生高速且很大的力,使模拟器能够克服地球的引力,从而飞行员的座舱模拟加速运动,引进了并联运动学机构,发明了一种典型的并联机构,称为 Stewart 型并联机构(见图 1-2),并且在论文中详细分析了 Hexapod 型并联机构。澳大利亚著名机构学者 Hunt 在 1978 年提出将六自由度的 Stewart 并联机构平台应用到工业机器人上,形成一种六自由度的新型并联机器人,使人们真正开始意识到并联机器人的应用前景。1988 年瑞士 Clavel 提出了一种球面六杆机构的 Delta 并联机器人,其典型结构如图 1-3 所示。这种机器人的运动部件轻,加速度可达 $(1 \sim 2)$ g (g = 9.8 kg/s^2),适合在直径 100 mm,高度 200 mm 的范围内取放质量不大 $(1 \sim 10$ kg) 的物品。目前 Delta 并联机器人已经广泛用于化妆品、食品、药品的包装和电子产品的装配。

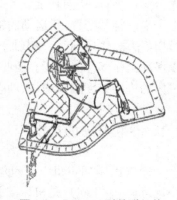

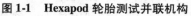

图 1-1　Hexapod 轮胎测试并联机构　　图 1-2　Stewart 型并联机构

此外,瑞典 Neos Robotics 公司开发和生产的 Tricept 系列并联机器人也是并联机器人的一个典型结构,如图 1-4 所示。它既可以完成汽车生产线的加工、装配、焊接等工序,还可以作为模块化制造系统的组成部分,完成切削和激光加工。

图 1-3　Delta 并联机器人

图 1-4　Tricept 系列并联机器人

　　并联机构已经被应用于许多需要快速移动包装的生产线、汽车总装线的车轮自动安装机构、航天飞船对接器的对接机构、煤矿开采等领域,在医用机器人、绳索机器人、高精度定位装置、天文望远镜等场合也得到了很好的应用。

　　随着并联机构和计算机技术的迅猛发展,从 20 世纪 80 年代末开始,在机床制造业发展方兴未艾之时,美国、俄罗斯等国相继将

Stewart 平台应用于开发机床并取得了一系列突破性的成果。并联机构平台在机床上的应用改变了传统机床的概念。并联机床由多个自由度组成,每个自由度的受力不存在力传递的现象,而是各自独立,形成并列的力支承状态,故刚度大、精度高。这种机床与串联机床相比,由于不存在力传递,所以无须将运动副的尺寸按照力传递的顺序设计,而是各运动副的尺寸可以一样大,从而大大减少了机床的用料,也减少了力传递中多个运动副的力变形的积累,从而提高了精度,更便于模块化设计。

1.2　并联机床的发展

1.2.1　国外并联机床的发展

20 世纪 90 年代以来,并联机床相继在美、日、俄等国问世,而真正将并联机构成功应用于机床则是在 1994 年芝加哥国际机床博览会上由美国 Giddings & Lewis 公司推出的第一代 VARIAX(变轴)并联机床(见图 1-5),该机床是以 Stewart 机构为核心的五坐标立式加工中心;以及由 Ingersoll 铣床公司同时推出的第一代"八面体六足虫"(Octahedral Hexapod)并联机床——VOH1000 型立式加工中心。这些并联机床的推出引起了极大的轰动,但此时的第一代并联机床还只能称作原型样机,大多数仅能够加工蜡模等易加工材料。在展览会上展示的 VARIAX 机床被提供给英国诺丁汉大学作为有关高速制造的研究设备,VOH1000 型加工中心则被交付给美国国家标准和技术研究所、美国国家宇航局进行研究。之后,世界各国都掀起了研究并联机床的热潮。

图 1-5　Giddings & Lewis 公司的 VARIAX 并联机床

　　1997 年的德国汉诺威国际机床展上,已有多个国家的 30 余台并联机床参展,其中仅六杆并联机床就有 10 多台。这次机床展不仅创造了串联机床与并联机床的类型划分,而且并联机床的结构形式也不仅仅再局限于经典的 Stewart 型六自由度形式,出现了新型的六自由度 Stewart 变型结构、六杆三自由度结构及三杆三自由度结构。这次展会上,Ingersoll 铣床公司又展出了 HOH600 型卧式加工中心(见图 1-6),后将其提供给德国阿亨工业大学机床实验室进行研究。英国 Geodetic 公司展出了 Evolution G500 和 G1000 两个型号的并联机床,该系列并联机床采用了“2 轴主轴头”(2-axis head)的主轴部件,其实际上就是同时运用了串联机构和并联机构,这种结构克服了原 Stewart 型并联机构工作空间小、灵活度差的缺点。德国 Mikrormat 公司展出了 6X Hexa 机床(见图 1-7),该机床采用了 Stewart 平台的变型结构,用主轴筒代替了平台,有利于主轴有倾角时保持受力均匀。

图 1-6　Ingersoll 公司的 HOH600　　图 1-7　德国 Mikrormat 公司的
**　　　　型加工中心　　　　　　　　　　　　　6X Hexa 机床**

　　瑞士联邦工学院的机床与制造技术研究所机器人院（ETH/IWF/IFR）研发的"六滑台"（Hexa Glide），用始端可滑动的定长杆代替了始端固定的伸缩杆，如图 1-8 所示。德国斯图加特大学机床与制造设备控制技术研究所（ISW）展出的 LINAPOD 机床也采用了固定长度的滑杆结构，虽然具有六根杆，但平行的两个杆等效于一条腿，因此该机床也被称为三条腿机床。德国汉诺威大学生产工程和机床研究所（IFW）展出了用于汽车工业钢板激光加工的三杆操作机，末端执行件上的腕部结构又具有 2 个自由度，因此该设备为串联和并联混合的结构。另外，此次展览会上还出现了许多 Tricept 结构的三足结构产品，比如意大利 COMAU 公司展出的 Tricept HPI 及瑞典 NEOS 公司展出的 Tricept 600，如图 1-9 所示。

　　1999 年法国巴黎机床展上，三杆并联机床展示了其实用化进展。瑞典 NEOS 公司进一步推出了 Tricept 805 并联机床（见图 1-10），该型号的产品共计 100 多台，被世界闻名的公司（如波音、大众、通用、沃尔沃等）购买。三杆并联结构也出现了一些新的形式，如韩国 SENA TE 公司的 ECLIPSE 机床（见图 1-11），不再采用在三杆机构末端串联其他机构的方式，而是改为三杆机构始端可沿导轨滑动且三条导轨又可在同一条圆形导轨上滑动的形式，使得主轴摆角有最大可达度。法国 Renault 公司展出的 Uranse SX 与 LINPOD 有些类似，不同之处在于改立式为卧式。本次展会上，日本 Okuma

公司也展出了经典 Stewart 型立式并联机床 PM-600,如图 1-12 所示。

图 1-8 瑞士联邦工学院的
Hexa Glide

图 1-9 瑞典 NEOS 公司的
Tricept 600

图 1-10 瑞典 NEOS 公司的
Tricept 805

图 1-11 韩国 SENA TE 公司的
ECLIPSE 机床

图 1-12　日本 Okuma 公司的 PM-600 机床

2000 年前后,并联机床在运动学原理、机床设计方法、制造工艺、控制技术、动态性能研究和工业应用方面先后取得了重大的突破,世界著名的机床公司都先后推出新产品,发展了许多经过改进的机构原理和结构,并使并联机床进入实用阶段。

在 2000 年的美国芝加哥国际制造技术展览会 IMTS′ 2000 上,展出了最新的并联机床,如瑞典 NEOS 公司的 Tricept 845 型加工中心(见图 1-13),其主轴头具有立式、卧式、45° 三种安装方式。德国 INDEX 公司的倒置立式车削中心 Vertical Line V100(见图 1-14),其机构与 LINPOD 有些类似。美国 Hexel 公司推出了 P2000 型五坐标数控铣床,如图 1-15 所示。在同年的日本国际机床展览会(JIMTOF 2000)上,日立精机公司展出了 PA35Ⅱ并联机床,如图 1-16 所示。

图 1-13　瑞典 NEOS 公司的
Tricept 845 型加工中心

图 1-14　德国 INDEX 公司的
Vertical Line V100 并联机床

图 1-15　美国 Hexel 公司的
P2000 型五坐标数控铣床

图 1-16　日本日立精机公司的
PA35 II 并联机床

　　在 2001 年的德国汉诺威机床展 EMO′ 2001 上,并联机床的展出量较大,三杆结构和串并联混合结构得到进一步发展,占所展机床绝大多数,有些已成为具有实用价值的工业产品,欧盟甚至为此设立了 PKM(Parallel Kinematic Machine)专项。德国 DECKEL MAHO 公司在获得瑞典 NEOS 公司的技术许可后,推出了 TriCenter

（DMT100），如图 1-17 所示。Starrag-Hecker 公司展出的 SKM 400
三伸缩杆卧式加工中心（见图 1-18），也是采用混联方式解决五轴
问题，A，B 自由度由转台实现，并通过可转动主轴部件扩大了工作
空间。西班牙 FATRONIK 技术中心展出的三杆卧式机床 Ulyses
（见图 1-19），也采用三根可伸缩杆驱动。德国 Cross Huller Hille 公
司展出了 Specht X Perimental 混联机床，用二自由度的二杆并联机
构实现 X，Y 运动，由主轴套筒实现 Z 运动。德国汉诺威大学生产
工程及机床研究所（IFW）展出了可移动的混联两杆加工机床
（DUMBO）（见图 1-20），可伸缩两杆部件可沿竖直导轨移动，实现
Z 轴运动，而 X、Y 运动由两杆机构实现，配以复合回转主轴头，实
现五轴联动，对大型复杂模具进行修复。

图 1-17 德国 DECKEL 的 TriCenter
（DMT100）

图 1-18 Starrag-Hecker 公司的
SKM 400 三伸缩杆卧式加工中心

图 1-19 西班牙 FATRONIK 技术
中心的三杆卧式机床 Ulyses

图 1-20 德国 IFW 的
DUMBO

2002年,在美国芝加哥国际制造技术展览会IMTS′2002上展出的并联机床有smt-Tricep的Robot,ABB公司的机器人,德国DS Technology公司的Ecospeed型大型五坐标卧式加工中心(见图1-21)。

图1-21 DS Technology公司的Ecospeed型大型五坐标卧式加工中心

在意大利米兰机床展览会EMO′2003上,瑞典SMT Tricept公司(其前身为NEOS公司)展出了T806H/XYZ;德国Mtorres集团展出了卧式六杆PKM高速钻铣加工头;德国TBT公司展出了MD30型深孔钻铣中心;德国KRAUSE&MAUSER公司展出的HS630双托盘卧式加工中心采用了左右导轨移动和并联机构相结合的原理;德国Chiron公司展出的VISION系列加工中心由PKM实现,其X、Y轴的移动采用创新的并联机构。在2004年的国际制造技术展览会IMTS′2004上,新日本工机公司展出了并联机床。

从2005年开始,一方面更多并联机床进入了实用化阶段,但另一方面各机床公司推出的纯并联结构形式的六自由度并联机床明显减少,因此IMTS、EMO上展出的并联机床,尤其是纯并联机床数量也明显减少,六自由度结构更多地回归到机器人领域,如在EMO′2007德国汉诺威欧洲国际机床展上,日本公司FUNAC、LJANKE公司均展出了Stewart结构的机器人。

与纯并联形式机床逐渐减少形成对比的是,以并联机构为基础的混联结构形式机床显著增多,尤其是将其作为主轴部件,如德国DS Technologie公司推出的Ecospeed大型卧式五坐标加工中心,所采用的 Z3 型主轴部件提供给美国辛辛那提机床公司用于飞机制造业,西班牙 Fatronik 公司推出的 Space-5H 加工中心则采用了 Hermes 主轴头。在 CIMT′ 2009 上,日本 MAZAK 公司展出了 B + C 两联动铣头;意大利 Breton 公司展出了 A + C 两联动铣头;而德国 Zimmerman 公司展出了 M3-ABC 三轴联动铣头,A 轴 $\pm 110°$,B 轴 $\pm 15°$,C 轴 $360°$;中国沈阳机床公司也展出了一种三自由度并联主轴头。

在 2010 年美国芝加哥国际先进制造技术展 IMTS′ 2010 上,没有六自由度纯并联机床展出,但韩国 Hwacheon 机工展出的五轴加工中心 M9 X300S 采用了摇臂并联机构(Tricept)。

国外并联机床发展至今,已不仅仅停留在实验型样机阶段,众多公司、研究机构已经成功地开发出了商品化的 Ⅱ 型甚至 Ⅲ 型产品,这些改进型并联机床虽然与高精度的传统机床相比还有一定的差距,但已经基本达到一般传统机床的性能指标,初步进入了实用化阶段。其中产业化推广最为优秀的是瑞典的 SMT Tricept 公司(由 NEOS 公司与 SMT 公司合并成立),其并联机床的销售总量达到 300 台,波音、沃尔沃、大众、通用、OPEL、AICOA、英国航空航天公司及美国别克公司(中国)均购置了这种机床,将其用于航空航天铝结构件、复合材料的高速铣削、汽车大型磨具制作、激光切割和离子束表面改性等。

1.2.2 国内并联机床的发展

国内早在 20 世纪 90 年代初,燕山大学的黄真教授就开始对并联机构进行系统地研究,在黄真教授的主持下,燕山大学于 1991 年研制出了我国第一台并联机器人。北京第 5 届中国国际机床展览会上,俄罗斯 Lapik 公司展出了加工、测量两用的 TM-750 型并联机床,引起了中国许多科研院所、大学及工厂的极大兴趣。该机床的出现使他们看到了并联机床的应用前景,并在随后的一段时间里有力地促进了中国并联机床的研究工作。

1997 年,清华大学和天津大学开始合作,并于 1998 年成功研制出我国第一台基于 Stewart 平台机构的大型镗铣类并联机床原型样机 VAMT1Y(见图 1-22);与昆明机床股份有限公司联合研制型号为 XNZ63 的 Stewart 结构并联机床,其上下平台均分 2 层布置。2002 年的中国国际机床展览会上展示了与大连机床集团合作研制的 DCB510 五轴联动并联机床,采用 3 + 2 串并联混合结构,其中 3 个自由度的平动由并联机构实现,而 A 轴和 C 轴的转动由串联主轴头实现,它的并联机构杆虽然有六根,但是实际上只实现了三杆机构的功能,工作原理与 Delta 机构类似。2003 年,清华大学与齐齐哈尔第二机床厂联合开发了大型龙门式五轴混联机床XNZD2415(见图 1-23),并且推出了 XNZ755 串并联机床。该机床是由 2DOF 并联平台、2DOF 串联摆头和平移机构组成的四自由度卧式混联机床,已经用于哈尔滨电机厂的三峡混流式水轮机叶片的生产制造。

图 1-22　国内第一台并联机床　　VAMT1Y

图 1-23　龙门式五轴混联　　XNZD2415

哈尔滨工业大学从 1994 年开始研究基于 Stewart 结构的并联机床,并在 1998 年研制出了 BJ-30 型号的并联机床原型样机(见图 1-24),该机床参加了 1999 年的北京机床展。1999 年,哈尔滨工业大学与齐齐哈尔第二机床企业集团联合研制了 BLJ-1 型号的并联机床,静态重复精度达到了 0.002 mm,定位精度 0.015 mm,该机床参加了 2001 年的北京机床展。在 2001 年的中国国际机床展览会上,哈尔滨工业大学推出了与哈尔滨量具刃具厂合作开发的型号为 BJ-2 的 6-SPS 并联机床;在 2002 年的中国国际机床展览会上二者联合展出了七自由度并联机床。2003 年,哈尔滨工业大学与哈尔滨量具刃具厂联合开发了新一代七轴联动串并联机床 BXK-6027(见图 1-25)。该机床在 BJL-1 并联型机床的基础上安装了一个转动平台,实现了在一次装夹下完成不锈钢汽轮机叶片的加工,并且该并联机床实现了商品化。

图 1-24　哈尔滨工业大学　　　　图 1-25　新一代七轴联动串并联
　　　　BJ-30 并联机床　　　　　　　　　　机床 BKX-6027

　　东北大学于 1998 年研制成我国首台五轴联动三杆并联机床 DSX5-70,该机床由三自由度的并联结构与二自由度的串联机构组合而成。天津大学与天津市第一机床厂在 1999 年联合研制出三坐标并联机床样机 LINAPOD,采用三立柱滑鞍式三自由度结构,其结构类似于经典的三杆 Delta 结构,该型号机床成为我国第一台商业化并联机床样机,并且在 1999 年的北京机床展上展出。国防科技大学和香港科技大学联合研制了"银河-2000"并联机床。北京理工大学于 2000 年 6 月制成六自由度 BKX-I 型变轴数控机床样机。西安交通大学和汉江机械厂于 2002 年联合为浙江省金华市清华实业有限公司研制出八轴八联动混联式机床,用于加工大型高精度船用螺旋桨。中科院沈阳自动化研究所的 SIA/CAS 并联机床是目前在国际网站上查到的中国唯一的并联机床。河北工业大学在 2002 年研制出了五自由度并联机床加工中心样机 DOG-I。另外,国内西安理工大学、南京航空航天大学、上海交通大学、中国科学院沈阳自动化研究所等高校和科研院所在并联平台机构的基础理论研究方面取得了一系列成果。

在民用企业,并联机床也得到了广泛的关注,各企业都在寻求创造新型高性能的并联机床产品。2004—2005 年,哈尔滨量具刃具集团为哈尔滨汽轮机厂有限公司提供了 4 台 HLNC5001 并联加工中心。2007 年,哈尔滨量具刃具集团引进瑞典爱克康斯(EXE-CHON)公司并联机床技术,通过消化、吸收再创新,设计出了我国第一台具有国际先进水平的并联机床 LINKS-EXE700,如图 1-26 所示。该机床具有刚度高、动态及高速性能好、加工范围大等特点,一次装夹即可实现 5~6 面及全部复合角度的位置加工,特别适用于敏捷加工或复杂异型件及复合角度孔和曲面的加工,可以广泛应用于航空、航天、船舶、汽车、发电设备等大型复杂零件的自由曲面加工。

图 1-26　哈尔滨量具刃具厂的并联机床 LINKS-EXE700

2008 年 4 月 21 日,第五届中国数控机床展览会在北京举行。展会上,我国机床企业自主研发的数控系统立式加工的产品加工精度、加工效率等基本达到国际领先水平。其中,高档数控机床在航空航天、国防工业等行业中赢得用户强烈反响,大型五轴高档数控机床初步打破了发达国家对相关领域的技术垄断,填补了国内空白,极大地缓解了重点企业的生产压力。

在 2010 年上海国际机床展上,四川长征机床厂展出了以 Tricept 机构为主轴支撑机构的并联机床。

国外在并联机床的产业化方面已经取得了突破性进展,但国内的研究和国外相比还有一定的差距。目前我国已问世的并联机床均存在动态刚度和加工精度低的共同问题,难以实现实用化和产品化,缺少成功的整体设计和使用经验的积累,影响了我国并联机床的进一步发展。

1.3　并联机床的分类

传统的串联机床在结构方面一般均采用由动力源、传动系统、执行机构等部件串联而成的非对称"C"形布局,而虚拟轴机床采用的是由 2 个或 2 个以上的驱动器(作动器)通过杆系同时作用于运动平台的空间运动机构。与传统机床相比,虚拟轴机床没有固定的 X、Y、Z、A、B 和 C 坐标轴,笛卡尔坐标系只是虚拟地存在于控制系统中,加工时只是依靠并联的杆件来控制刀具运动,这正是称这种机床为"虚拟轴"的原因。两种机床结构上的不同,使得它们在性能上表现出很大的差异,导致它们的分类方式也完全不同。

并联机床由并联机构发展而来。并联机构的结构形式种类繁多,但并不是任意一种结构形式的并联机构都适合应用于并联机床,因此并联机床的结构形式虽然较多,但较之并联机构要少得多。并联机床可以从空间特性、自由度、自由度的实现方式 3 个方面进行分类。

从并联机床的空间特性分,可以把并联机床分为平面并联机床和空间并联机床两大类。国内方面,以清华大学研发的一系列并联机床为例,清华大学分别先后与江东机床厂、齐齐哈尔第二机床厂联合研发了 XNZ2010、XNZ2415、XNZ2430 机床,均采用了平面并联机构。国际方面,德国阿亨工业大学开发的 Dyna-M(也称为 ApechtXperimenta)机床和汉诺威大学开发的 DUNBO 机床也都采用了平面结构模式的并联机构。而 G&L(Giddings & Lewis)公司的 VARIAX 机床、OKUMA 公司的 PM-600 机床都采用了空间并联机构。

从机床所采用并联机构可实现的自由度分,可以把并联机床分为六自由度、少自由度两大类,其中少自由度包括了二至五自由度。在并联机构家族中,六自由度和三自由度是两个重要的分支,六自由度的典型代表为 Stewart 平台,而三自由度的典型代表有 Tricept 机构和 Delta 机构。G&L 公司的 VARIAX 机床、哈尔滨工业大学开发的 BLJ-1 并联机床,均采用 Stewart 平台实现全部的 6 个自由度。天津大学研发的"三条腿"机床 Linapod、清华大学研发的 DCB-510 机床,其并联机构都仅实现 3 个移动自由度。法国雷诺公司的 Urane SX 机床采用了 Delta 机构,德国 Deckel Maho 公司的 DMT100 机床则采用了 Tricept 机构。

从并联机床自由度的实现方式分,可把并联机床分为纯并联机床、串并联机床(也称混联机床)。G&L 公司的 VARIAX 机床、哈尔滨工业大学开发的 BLJ-1 机床都是纯并联结构形式的机床。采用混联形式,目的是集串、并联机构各自之长而避各自之短。混联机床早期较多采用的是"并联机构与二自由度主轴头相结合"或"并联机构与二自由度工作台相结合"的形式,例如国内清华大学研发的 DCB-510 机床、XNZ2415 机床、XNZ2430 机床,国际上瑞典 NEOS 公司的 Tricept 系列机床、德国 Deckel Maho 公司的 Tricenter (DMT100)机床、德国 Heckert 公司的 SKM400 机床等。目前混联机床研发中较多采用"三平移导轨加并联主轴头"的形式,尤其是大型机床,如德国 DS 公司的 Ecospeed 机床、西班牙 Fatronik 公司的 Space-5H 机床,国内沈阳机床公司也开发了一种三自由度并联主轴头。

1.4　并联机床的优缺点

大致上来说,传统的串联式机构机床是属于数学简单而机构复杂的机床。相对而言,并联机床则是机构简单而数学复杂的机床,整个动平台的运动涉及比较庞大的数学计算,因此并联机床是一种知识密集型机构。并联机床摒弃了固定导轨的刀具导向方式,采用了多杆并联机构驱动,大大提高了机床的刚度。另外,由于其机械结构简单、工作台的重量轻,也大大降低了工作台的运动惯性,从而使高速和超高速加工更容易实现。在运动平台的结构刚性和工作台的高速化逐渐成为传统串联式机构机床技术发展的瓶颈时,选择并联式结构平台便成为最佳的选择对象。相对于传统串联式机床,并联机床具有如下特点。

1.4.1 并联机床的优点

(1)结构刚度高。封闭式的结构使其结构负荷流程短,而负荷由连杆同时以拉伸和压缩的二力杆形式承受。从材料力学的观点看,在外力一定时,悬臂梁的应力和应变都最大,最小的是受拉的二力杆结构,因此其刚度质量比明显高于传统的串联结构机床。

(2)工作台惯性小,适合高速加工。并联机床的机械结构简单,二力杆结构又是承受介于拉力与压力之间负荷时最节省材料的结构,且工作台由 6 个制动器同时驱动,因此机床的运动惯性小,响应速度快,允许动平台获得很高的进给速度和加速度,适合高速化加工。

(3)具有潜在误差平均化的优势。并联机床的 6 个运动链都是独立、对称地对刀具的位置和姿态起作用,各个关节的误差能够相互抵消一部分;对于运动链产生的热变形误差,同样也会由于其热对称性结构设计而减小对机床的精度影响,因而不存在串联机床的几何误差累积和放大的现象,甚至还有误差平均化的效果,这对于提高机床的精度是很有意义的。

(4)结构简单、制造成本低。并联机床由多个相同的支架组成,构造简单,机械零部件的种类和数量比串联构造平台大幅减少,主要由滚珠丝杠、虎克铰、球铰、伺服电机等通用零部件构造。这些通用组件都由专业化的厂家生产,容易达到高精度、高性能,同时其库存、组装、搬运等成本也相应减少很多。

（5）自由度高达 6 个,适合复杂曲面的加工。通过对平台机构的各种变形,可以得到自由度数目为 3、4、5、6 的各种并联机床。例如清华大学与昆明机床股份有限公司联合研制的 XNZ63 机床是六自由度,瑞典 NEOS 机器人公司的 Tricept TR 845 加工中心可完成轴联动,清华大学与江东机床厂联合开发的数控龙门虚拟轴铣床 XNZ2010 可实现 4 个自由度的联动,东北大学所研制的用于钢坯修磨的三腿磨削机床可实现 3 个空间平动自由度。

（6）并联机床重构能力强,应用范围广。对于不同的机床加工范围,只需要改变连杆的长度和铰点的位置,同时将新的机构参数输入机床的控制部分,就可以完成对机床的重构设计。在动平台上,安装刀具可进行多坐标铣、钻、磨、抛光,以及不同刀具的刃磨等机械加工。装备机械手臂、高能束源或 CCD 摄像头等末端执行器,还可以完成精密装配、特种加工与精密测量等作业。

（7）并联机床动平台的运动方式以极坐标轨迹运行,走空间路径,以尽可能短的路径达到要求的目标位置。而传统机床以直角坐标系方式运动,把沿固定坐标轴的移动和转动矢量叠加达到目标位置。

1.4.2　并联机床的缺点

（1）Stewart 平台的工作空间较小,且工作空间有可能存在奇异点的限制。对于传统串联结构机床,控制器遇到奇异点时,将会计算出驱动装置无法达成的驱动命令而造成控制误差,但并联机床会在奇异位置失去部分支撑力或力矩能力,无法固定负载物体,而是沿着奇异曲面以线性或旋转运动垮塌。

（2）Stewart 平台的工作空间与驱动空间的对应关系具有多变量、强非线性的特点,为实现工作空间内的特定工作轨迹,并联机构机床的控制难度要远远大于传统串联机床。

1.5　并联机床关键技术及发展趋势

目前,国内外关于并联机床研究的关键技术主要有并联机床设计理论和结构设计研究、并联机床的运动学设计研究、并联机床动力学和动态特性研究及并联机床动力与控制策略的研究等。10 余年来,关于并联机床这些方面的研究工作取得了很大的进展,目前国内外有许多学者正在继续这些方面的研究,并可能取得突破。

（1）并联机床设计理论和结构设计研究。

并联机床组成原理研究主要致力于解决并联机床自由度计算、运动副类型、支铰类型及运动学分析、建模与仿真等问题,结构设计主要包括机床的总体布局和安全机构设计。并联机床机构学及相关理论的研究开始较早,目前比较成熟,但是随着对机床的精度、工作空间、可靠性等要求的提高,这些问题必须从机床的机构设计考虑才能得到满意的解决方案。因此,对于并联机床的研究归根结底是对于并联机构本身的研究,随着对并联机构研究的深入,一定可以得到比现存机构更优良的机构,从而促使并联机床的发展。

在国外,从并联机床的设计到制造已经实现了计算机的虚拟设计和仿真。由于并联机床的复杂性和设备的高昂造价,促使机床虚拟设计平台的出现。在虚拟环境下可以实现机床的模型构建,在模型构建中可以对模型中的参数,如杆长和驱动器的种类、型号,机床的总体平台类型等进行设定,并可以实现虚拟加工仿真。

（2）并联机床的运动学设计研究。

并联机床运动学设计包括运动学正逆解分析、工作空间定义与描述、工作空间分析与综合等内容。工作空间分析是并联机床机构运动学设计的核心内容之一,是评价运动平台实现位姿能力的主要标准。工位奇异性研究主要研究奇异性工位的位置和范围,当机构处于奇异相位时,机构的速度反解不存在,存在某些不可控的自由度;奇异相位分为边界奇异、局部奇异和结构奇异 3 种形式。在国内,对并联机床工作空间的深入研究刚刚开始,而在国外,并联机床的工作空间已经可以实现量化的计算。

（3）并联机床动力学的研究。

目前国内外对并联机构动力学的研究主要集中在刚体动力学逆问题上，主要涉及给定末端执行器的位置、速度和加速度来反求伺服电机的驱动力，是并联机床动力分析、整机动态设计、动力学尺度综合、控制器参数整定和伺服电机选配的理论基础，相应的建模方法可采用几乎所有可以利用的力学原理，如牛顿-欧拉法、拉格朗日方程、虚功原理等。并联机床的刚体动力学方程模型过于复杂，逆向求解费时、费力，迄今尚难以应用于并联机床的控制器设计中。因此，根据并联机床的实际特点，进一步合理简化动力学模型并寻求相应的高效算法是十分必要的。

将构件视为弹性的动力学建模是并联机床动态性能分析和动态设计的理论基础。并联机床动力学系统具有结构耦合、时变、非线性的特点，因此其弹性动力学建模与分析方法远比传统机床复杂。并联机床的动力学研究水平离现有传统机床相差较远，这也成为制约并联机床发展的瓶颈问题之一，同时也是一项极富挑战性的工作。

（4）并联机床动态特性的研究。

动态特性是影响并联机床加工效率和加工精度的重要指标。由于并联机构是个封闭回路，使并联结构机床具有更高的刚度，但由此引起的耦合问题，使机构动力分析很困难，因此，对其研究应予以足够的重视。动态设计目标可以归结为提高整机单位重量的静刚度、通过质量和刚度合理匹配，使低阶主导模态的振动能量均衡、有效地降低刀具与工件间相对柔度，以期改善抵抗切削颤振的能力。

（5）并联机床控制策略的研究。

从机床运动学的观点看，并联机床与传统机床的本质区别在于动平台在笛卡尔空间中的运动是关节空间伺服运动的非线性映射。因此，在进行运动控制时，必须通过位置逆解模型，将给定的刀具位姿及速度信息变换为伺服系统的控制指令，并取得并联机构实现刀具的期望运动。由此可见，要实现并联机床的运动轨迹，必须通过二者之间的坐标变换。由于并联机床具有多样化的结构和配置形式,很难有一套控制系统能够适合所有并联机床的要求,只可能存在一种控制平台,由机床开发者自行配制硬件和软件,因此并联机床的控制系统必须是开放式结构,兼具传统数控机床与并联机器人的特点。

目前,并联机床的研究主要着眼于开放式数控系统及数控系统模块化结构的研究,在今后的一段时间内,还需向以下几个方面发展:

① 新一代开放式控制系统将向更高的精度、更高的可靠性和更快的响应等高智能化的方向发展;

② 新一代开放式控制系统将向网络化方向发展;

③ 新一代开放式控制系统将向基于组件的数控软件开发技术方向发展;

④ 并联机床组成标准模块和关键基础件的研制;

⑤ 并联机床精度研究。

精度问题是并联机床能否投入工业使用的关键。并联机床的自身误差可分为准静态误差和动态误差。前者主要包括由零部件制造与装配、铰链间隙、伺服控制、稳态切削载荷、热变形等引起的误差;后者主要表现为结构与系统的动特性与切削过程耦合引起的振动产生的误差。机械误差是准静态误差的主要来源,包括零部件的制造与装配误差。目前,对于并联机床的精度已不再停留在静态的几何精度,对于运动精度、热变形和振动的监测和补偿越来越重视,以适应高性能加工和高可靠性的需要。机床的加工精度,其可重复性和可信赖度要很高,性能要能够长期保持稳定。这些都促使机床要具有自优化、自监控、自诊断和预维护功能。

1.6 本书章节安排

本书从总体内容上可以分为 3 个组成部分:并联机床的运动学研究、并联机床专用控制器的实现、并联机床的运动学仿真。具体章节的内容如下：

第 1 章,并联机床概述。主要介绍现阶段并联机床的研究现状、分类、特点、关键技术的发展趋势。

第 2 章,并联机床的运动学分析。介绍并联机床运动学分析研究现状,对并联机构进行合理简化后的运动学建模,并求出其正、逆解,最后进行速度、加速度特性分析和计算等运动学性能研究。

第 3 章,插补算法及其改进方法。介绍插补算法的实现方法与发展现状。基本的逐点插补法的应用方法;主要介绍如何对逐点比较插补法进行改进,并提出新的基于多自由度的插补算法,给出其实现方法与步骤,简要介绍 NURBS 曲线插补算法。

第 4 章,并联机床数字控制系统。介绍并联机床专用数控系统的研究现状及专用控制器硬件电路的原理设计和实现方法,简要介绍开放式数控系统。

第 5 章,控制器监控程序设计。主要介绍本系统的软件设计实现,分上位机和下位机两个方面,重点介绍下位机的设计实现。

第 6 章,并联机床的运动学仿真。对三平移并联机床运动学性能进行仿真,以验证本设计的正确性。

第 7 章,总结与展望。对本书所述的内容进行总结,并对并联机床及其控制技术进行展望。

第 2 章　并联机床的运动学分析

　　并联机床机构的运动学研究是上位机算法研究的基础和关键,包括正运动学和逆运动学两个方向。其中,对并联机构进行合理简化后的运动学建模是运动学研究的第一步;而作为并联机床分析和综合基础的位置分析,是对并联机床的运动学、动力学、工作空间、奇异位形、精度分析等各项性能进行研究的前提,所以将运动学方程的正、逆解作为研究的第二步;最后基于雅可比矩阵,进行速度特性分析和综合、加速度计算等运动学性能的研究。

2.1　并联机床运动学的研究现状

2.1.1　并联机床位置分析研究现状

　　位置分析是实施速度和加速度分析、工作空间分析与尺度综合、动力学分析、驱动器参数预估及伺服控制的基础,可分为正、逆解两类问题。位置正解是由各驱动关节变量求解动平台的位置和姿态;位置逆解是由动平台的位置和姿态求解各个驱动器的关节变量。由于并联机床动平台实现位姿能力的强祸合性、非线性,且解不唯一,因此并联机床的位置逆解非常简单,而位置正解却非常复杂,故求解位置正解是并联机床的难点之一。国内外许多学者都尝试对并联机床位置正解的解法进行研究,主要采用的方法有数值法和解析法。

　　数值法的优点是建立计算模型相对容易,可以求解任何并联机构,但计算量较大,且不能求得机构的所有位置解,其最终结果及求解时间都和初值的选取有关。Yang、Hudges 分别构造了含有

6 个未知数的 6 个线性方程,然后求解此方程组;黄真早在 1984 年就提出对于含三角平台的并联机构可以简化为只含一个变量的非线性方程的一维搜索法,明显地提高了求解的速度;曲义远利用三维搜索法将一机构的非线性方程组的未知数降为 3 个;Innocenti、Shi 等也针对不同机构的特点将方程组划分为三维和一维,然后再计算此方程;Wampler 等提出了数值的连续方法。此外,有的学者从纯几何的角度出发,利用三维搜索法获得可能的实际解。尽管以上各种方法均可以求解方程组,但是却无法保证一定能得到满意的解。

解析法主要是通过消元法消去机构约束方程中的未知数,从而使机构的输出、输入方程成为只含一个未知数的高次方程。该方法的优点是不需要选定初始值就可以求解机构中所有可能解,并能区分不同连续工作空间中的解,但建模困难,推导过程复杂,而且求解精度要求非常高。国内外学者求解正解的解析解都是采用从特殊构型到一般构型的思路进行的。Griffs, Nanua, Waldron, Innocent 分别解决了 3-3 式并联机床的位置正解,并扩展到 6-3 式、4-4 式和 4-5 式并联机床的位置正解。

此外,为了更方便求得正、逆解,学者们提出了多种解决方案。Cheok、Merlet 和 Petrovic 等使用了附加传感器的方法计算运动学的封闭解,使运动学正解大大简化,但其缺点是增加了硬件系统的费用和复杂性。还有一些学者,如 Geng 和 Boudreau 等探索了神经网络方法进行位置正解的求解,达到了更高的求解速度,是一种很有前途的方法,但其多解性问题和奇异性还没有解决,有待进一步研究。

2.1.2 并联机床速度和加速度研究现状

速度和加速度分析主要是在雅可比矩阵的基础上进行的。Fichter 和 Merlet 等研究发现,Stewart 平台机构力的正变换是直接的线性映射关系,可以用 6×6 矩阵 H 表示,H 就是传统意义的雅可比矩阵。Fichter 通过对 H 进行线性变换和转置,分别导出了逆向和正向速度运动学公式及加速度的运动学公式。黄真用影响系数法对并联机构的速度、加速度进行了分析,而机构的一阶影响系数就是传统意义的雅可比矩阵。Lu 对一种并联机构进行了位置、速度、加速度等运动学分析及静力学和工作空间研究,但没有分析机床设计参数对这些方面的影响规律。

2.1.3 工作空间运动学设计研究现状

合理地定义工作空间是并联机床运动学设计的首要环节。并联机床的工作空间是各支链工作子空间的交集,一般是由多张空间曲面片围成的闭包。根据并联机床刀具工作时的位姿(即位置和姿态)特点,工作空间可分为可达工作空间和灵活工作空间。可达工作空间是指操作器上某一参考点可以到达的所有点的集合,它不考虑操作器的位姿。灵活工作空间是指操作器上某一参考点可以从任何方向到达的点的集合。因此,为了适合多坐标数控作业的需要,通常将灵活工作空间的规则内接几何形体定义为机床的编程工作空间。

工作空间分析与综合是并联机床运动学设计的核心内容。其中,工作空间分析涉及在已知动静平台尺寸、关节变量的变化范围、从动铰链约束条件等因素的条件下确定末端执行器的可达活动范围。目前,工作空间的分析方法有:

(1)作图法。作图法精确性较差,主要在设计过程中作方案比较时使用,但在这方面文献不是太多。

(2)数值法。在数值法研究方面,其核心算法为根据工作空间边界必为约束起作用边界的性质,利用位置逆解和库恩 – 塔克条件搜索边界点集。这类方法主要有网格法、Monte Carlo 法和优化法。上述方法普遍存在适用性差、计算效率和求解精度低等缺点。Fichter 采用固定 6 个位姿参数中的 3 个姿态参数和一个位置参数,变换其他两个参数,研究了六自由度并联机器人的工作空间。Gosselin 则利用圆弧相交的方法来确定自由度并联机器人的姿态工作空间,并给出了工作空间的三维表示,此法以求工作空间的边界为目的,效率较高,且可以直接计算工作空间的体积。Masory 等同时考虑到各关节转角的约束、各杆长的约束和机构各构件的干涉,以此来确定并联机器人的工作空间,且采用数值积分的方法计算工作空间的体积,比较接近实际。

（3）解析法。在解析法研究方面,具有代表性的当属 Jo 提出并经 Gosselin 发展的几何法,该方法将 Stewart 平台分解为 6 个单开链,分别求解各单开链的子工作空间,总的工作空间即为各子空间的交集。在给定动平台位姿和杆长范围时,每一子工作空间边界为两个球面片,总的工作空间边界为 12 张球面片的交集。Merlet 在此基础上通过引入铰链约束做了类似工作,此外 Merlet 还研究了固定动平台参考点,求解相应极限姿态空间的解析方法。黄田和汪劲松等利用曲面包络理论,将可实现给定姿态能力的操作机工作空间边界解析归结为对 12 张变心球面族包络面的求交问题。

（4）尺度综合。尺度综合是实现并联机床运动学设计的最终目标,它是以在编程空间内实现预先给定的位姿能力并使得操作性能最优为目标,确定主动关节变量的变化范围和尺度参数。尺度综合原则上需要兼顾刀具实现位姿的能力、灵活度、精度、刚度及结构可实现性等多种因素。目前,在并联机构的尺度综合方面,所采用的目标函数通常以雅可比矩阵的条件数为基础,且相应的方法大致可分为局部优化法和全域优化法两类。

（5）局部优化法。局部优化法的主要目的是找出满足各向同性时机构尺度参数间的关系。Gousselin 以球面并联机构为例,构造了一组满足各向同性条件的尺度参数关系。Pittens 提出一满足特定尺度约束条件的局部最优灵活度构型,并证明该族构型的雅可比矩阵条件数均为$\sqrt{2}$。黄田等人先后提出了 Stewart 平台、三自由度球面机构和五杆二自由度平面并联机构各向同性时的参数关系。

（6）全域优化法。全域优化法的主要目的是在满足各向同性条件的尺度参数族中唯一确定一组使得全域操作性能指标最优的尺度参数。Gosselin 和 Angeles 首次提出了一种以雅可比矩阵条件数的倒数在工作空间中全域均值最大为目标的评价函数。Stoughton 在 Gosselin 所提出的目标函数的基础上,以雅可比矩阵条件数和工作空间某一给定区域的一次矩最小为目标,以无量纲实际工作空间体积为罚因子,将构型设计问题归结为一类多目标泛函极值问题。在国内,黄田等人在尺度综合方面进行了深入研究,在研究 3-HSS 并联机床时利用最大与最小条件数之比与条件数在工作空间中的均值构造了一类兼顾灵活度和工作空间的灵活度评价指标,此后,又提出一种同时兼顾条件数全域均值与波动量的灵活度评价指标。

由此可见,针对不同类型的并联机床,研究兼顾多种性能指标的高效尺度综合方法将是一项极有意义的工作。

2.2 三平移并联机床自由度分析和运动学建模

2.2.1 三平移并联机床构型和自由度分析

为了克服六自由度并联机床工作空间小、球副造价高及精度难以保证等缺陷,近年来,许多学者致力于少自由度并联机床的研究。相对于六自由度并联机床,少自由度并联机床驱动元件少,工作空间大,运动耦合相对较弱、控制相对较易,故费用较低、结构紧凑而具有更高的实用价值,研究方向主要集中在新型机构的发现和特殊机构的运动性能分析上。本节在此提出了一种新型三平移并联机床。

本新型三平移并联机床的结构如图 2-1 所示。机构中,3 个驱动滑块 A_1, A_2, A_3 都有各自的直线电机初级绕组,可在机床横梁的上、下水平导轨上移动,但它们共用一个固定在机床横梁上的次级绕组。每个驱动滑块与活动平台间由两根结构相同的定长杆相连,定长杆两端分别用虎克铰与活动平台和驱动滑块连接。应注意,同一根定长杆两端的虎克铰对应轴线两两平行,故可约束动平台的转动自由度。活动平台下方则安装了刀具,以实现板材的加工。

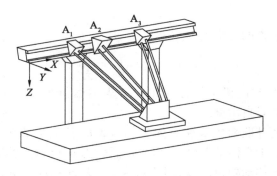

图 2-1　新型三平移并联机床结构示意图

由于定长杆和虎克铰的约束作用,该机构消除了活动平台的 3 个转动自由度而保留了 3 个移动自由度。通过滑块 A_1,A_2,A_3 在导轨上的移动,带动活动平台实现 3 个移动自由度,从而实现对板材的切割加工。

由于机床活动平台作 3 个自由度的平移,在运动学分析时可将其进一步简化(见图 2-2),可将机床活动平台视为其中心点 P。

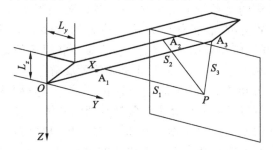

图 2-2　新型三平移并联机床结构简图

并联机构自由度分析是进行并联机构运动学设计的前提。空间机构的运动副组成元素包括转动副、移动副、圆柱副、球面副、平面副及虎克铰等。空间机构就是由一系列构件用这样的运动副连接而成的,分开环空间机构和闭环空间机构两种。闭环又分单闭环和多闭环机构,还有开环和闭环的混联机构。本并联机床采用的是闭环空间机构,其自由度分析根据 Kutzhach Grubler 公式来计算。

空间机构的自由度为

$$F = 6(n - g - l) + \sum_{i=1}^{g} f_i \qquad (2\text{-}1)$$

其中,n 表示空间机构的总构件数,g 表示运动副数,f_i 表示第 i 个运动副的相对自由度。

本空间并联机构简化后的构件为 3 根定长杆、3 个滑块、1 个固定支架和 1 个活动平台,所以构件总数为 $n = 8$;运动副为 6 个虎克铰和 3 个移动副,故运动副总数为 $g = 9$;虎克铰又称万向铰,允许两个构件间有两个相对转动自由度,即 $f = 2$;移动副允许两构件沿直线做相对移动,即 $f = 1$。因此该机构的自由度数为

$$\begin{aligned} F &= 6(n - g - l) + \sum_{i=1}^{g} f_i \\ &= 6 \times (8 - 9 - 1) + (2 \times 6 + 3) = 3 \end{aligned} \qquad (2\text{-}2)$$

即本机构具有 3 自由度,经分析知,三自由度为三平移自由度。

2.2.2　运动学方程的建立及其正、逆解

并联机床的运动学研究主要是求解位置的正解和逆解问题。通过建立位置方程,在已知输入构件位置的条件下求解输出构件位姿,为并联机床正解分析;反之,当已知并联机床输出件的位置和姿态求解输入件的位置,为并联机床位置反解分析。

在运动分析中,并联机床的位置正解是一个重要而又很难解决的问题。位置正解的计算主要包括数值法和解析法。

(1)数值法。通过求解一组非线性方程,从而获得与输入相对应的动平台的位置和姿态。数值法的优点是可以应用于任何结构的并联机构,计算方法简单,但计算速度较慢,不能保证获得全部解,并且最终的结果与初值的选取有关。

(2)解析法。通过消元法消去机构约束方程中的未知数,从而获得输入、输出方程中仅含一个未知数的多项式。其优点是可以求解机构中所有可能解,并能区分不同连续工作空间中的解,但推导过程复杂,计算时间长。解析法能够求得全部的解,输入、输出的误差效应可以定量地表示出来,并可以避免奇异问题。

本三平移机构位姿较简单,故采用消元法求解位置正解。

图 2-2 所示三平移机构简图中,在机床固定平台-横梁的左端点建立基坐标系 $O - XYZ$, O 点为左端下端点, X 轴过 O 点沿横梁纵向指向右, Y 轴过 O 点垂直于 X 轴,并且水平向前。根据右手定则, Z 轴过 O 点且垂直于 XOY 平面。因为本机构只存在平动,为简化计算,在活动平台中心点 P 建立 $P - X'Y'Z'$ 坐标系,与基坐标系 $O - XYZ$ 方向一致。设活动平台点 P 在基坐标系中的坐标为 (x_0, y_0, z_0),已知驱动部件滑块 A_1, A_2, A_3 的位置,求活动平台中心点 P 在 $O - XYZ$ 坐标系中的位置坐标 x_0, y_0, z_0,称为位置正解,反之为位置反解。

设机床横梁尺寸为 L_y, L_z,三根定长杆杆长分别为 S_1, S_2, S_3,则各驱动滑块在基坐标系 $O - XYZ$ 中的位置矢量为

$$A_1 = \begin{pmatrix} x_1 \\ 0 \\ 0 \end{pmatrix}, A_2 = \begin{pmatrix} x_2 \\ L_y \\ -L_z \end{pmatrix}, A_3 = \begin{pmatrix} x_3 \\ 0 \\ 0 \end{pmatrix}$$

因活动平台中心点 P 在 $O - XYZ$ 坐标系中的位置坐标为 (x_0, y_0, z_0),根据矩阵的坐标变换理论, $P - X'Y'Z'$ 坐标系相对于 $O - XYZ$ 坐标系的齐次变换矩阵为

$$T = \begin{pmatrix} 1 & 0 & 0 & x_0 \\ 0 & \cos\theta & -\sin\theta & y_0 \\ 0 & \sin\theta & \cos\theta & z_0 \\ 0 & 0 & 0 & 1 \end{pmatrix}$$

点 P 在基坐标系中的位置矢量 ^oP 为

$$^oP = {}_P^o R \, {}^P P + {}^o P_{B0} = A_i + S_i S_i,$$

其中 $i = 1, 2, 3$, S_i 为杆 S_i 方向的单位向量, S_i 为杆长, ^PP 是活动平台中心点在 $P - X'Y'Z'$ 坐标系中的坐标位置,本机构即为 $(0, 0, 0)$; $^oP_{B0}$ 是 $P - X'Y'Z'$ 坐标系坐标原点在基坐标系 $O - XYZ$ 中的坐标位置,本机构为 (x_0, y_0, z_0); $_P^oR$ 是描述活动平台坐标系 $P - X'Y'Z'$ 相对于基坐标系 $O - XYZ$ 的旋转矩阵,因为动平台坐标与基坐标方向一致,即 $\theta = 0$,其值为

$$\,_P^O\boldsymbol{R} = \begin{pmatrix} 1 & 0 & 0 \\ 0 & \cos\theta & -\sin\theta \\ 0 & \sin\theta & \cos\theta \end{pmatrix} = \begin{pmatrix} 0 & 1 & 0 \\ 0 & 0 & 1 \\ 1 & 0 & 0 \end{pmatrix} = \boldsymbol{E}(单位矩阵)$$

根据机构的杆长约束 $S_i S_i = {}^0\boldsymbol{P} - \boldsymbol{A}_i = \boldsymbol{P}_i \boldsymbol{A}_i$，建立机构的约束方程

$$(x_P - x_{A_i})^2 + (y_P - y_{A_i})^2 + (z_P - z_{A_i})^2 = S_i^2$$

即

$$(x_0 - x_{A_i})^2 + (y_0 - y_{A_i})^2 + (z_0 - z_{A_i})^2 = S_i^2, i = 1 \sim 3 \quad (2\text{-}3)$$

用消元法求解式(2-3)，得位置正解：

(1) $x_0 = \dfrac{S_3^2 - S_1^2 + x_1^2 - x_3^2}{2(x_1 - x_3)}$；

(2) $y_0 = \left\{ -\dfrac{S_2^2 - S_1^2 - (x_0 - x_2)^2 + (x_0 - x_1)^2 - L_y{}^2 - L_z{}^2}{2L_z{}^2} L_y L_z \pm \right.$

$L_z \left\{ \left[\dfrac{S_2^2 - S_1^2 - (x_0 - x_2)^2 + (x_0 - x_1)^2 - L_y{}^2 - L_z{}^2}{2L_z^2} \right]^2 L_y^2 - \right.$

$(L_y^2 + L_z^2) \left\{ (x_0 - x_1)^2 + \left[\dfrac{S_2^2 - S_1^2 - (x_0 - x_2)^2 + (x_0 - x_1)^2 - L_y{}^2 - L_z{}^2}{2L_z{}^2} \right]^2 - \right.$

$\left. \left. S_1^2 \right\} \right\}^{1/2} \right\} / (L_y^2 + L_z^2)$；

(3) $z_0 = \pm\sqrt{S_3^2 - (x_0 - x_3)^2 - y_0^2}$

$\qquad = \pm \left\{ S_3^2 - (x_0 - x_3)^2 - \right.$

$\left\{ \left\{ -\dfrac{S_2^2 - S_1^2 - (x_0 - x_2)^2 + (x_0 - x_1)^2 - L_y{}^2 - L_z{}^2}{2L_z{}^2} L_y L_z \pm \right. \right.$

$L_z \left\{ \left[\dfrac{S_2^2 - S_1^2 - (x_0 - x_2)^2 + (x_0 - x_1)^2 - L_y{}^2 - L_z{}^2}{2L_z{}^2} \right]^2 L_y^2 - (L_y^2 + L_z^2) \right.$

$\left\{ (x_0 - x_1)^2 + \left[\dfrac{S_2^2 - S_1^2 - (x_0 - x_2)^2 + (x_0 - x_1)^2 - L_y{}^2 - L_z{}^2}{2L_z{}^2} \right]^2 - \right.$

$\left. \left. \left. S_1^2 \right\} \right\}^{1/2} \right\} / (L_y{}^2 + L_z{}^2) \right\}^{1/2}$。

经整理得

$$\begin{cases} x_0 = \dfrac{S_3^2 - S_1^2 + x_1^2 - x_3^2}{2(x_1 - x_3)} \\[4mm] y_0 = \dfrac{-KL_yL_z \pm L_z\sqrt{K^2L_y^2 - (L_y^2 + L_z^2)(P_1^2 + K^2 - S_1^2)}}{L_z^2 + L_y^2} \\[4mm] z_0 = \pm\sqrt{S_3^2 - (x_0 - x_3)^2 - y_0^2} \end{cases} \quad (2\text{-}4)$$

其中,$K = \dfrac{S_2^2 - S_1^2 - P_2^2 + P_1^2 - L_y^2 - L_z^2}{2L_z^2}$,$P_i^2 = (x_0 - x_i)^2$,$i = 1,2$。

可见,该三平移并联机构的正解为显示表达式。

同理可求出其逆解为

$$\begin{cases} x_1 = x_0 \pm \sqrt{S_1^2 - y_0^2 - z_0^2} \\[3mm] x_2 = x_0 \pm \sqrt{S_2^2 - (y_0 - L_y)^2 - (z_0 + L_z)^2} \\[3mm] x_3 = x_0 \pm \sqrt{S_3^2 - y_0^2 - z_0^2} \end{cases} \quad (2\text{-}5)$$

设计时,为保证工作空间内运动的灵活性和便于控制,取行程约束为

$$\begin{cases} x_1 < x_0 \\ x_2 < x_0 \\ x_3 > x_0 \end{cases} \quad (2\text{-}6)$$

所以,此时运动方程的逆解可简化为

$$\begin{cases} x_1 = x_0 - \sqrt{S_1^2 - y_0^2 - z_0^2} \\[3mm] x_2 = x_0 - \sqrt{S_2^2 - (y_0 - L_y)^2 - (z_0 + L_z)^2} \\[3mm] x_3 = x_0 + \sqrt{S_3^2 - y_0^2 - z_0^2} \end{cases} \quad (2\text{-}7)$$

由式(2-4)可知,当 $x_1 = x_3$ 时,运动方程的正解有无穷多个,则该并联机构处于不定形位置。但由于式(2-6)的行程约束使 $x_3 > x_1$ 恒成立,所以该并联机构并不会处于不定形位置,且该运动学方程为简明的显式表达,并无运动耦合现象。

2.3 三平移并联机床的影响系数和速度、加速度分析

雅可比矩阵 J 是并联机床极其重要的一个参数,是操作速度与关节速度的线性变换,可视作从关节空间向操作空间运动速度的广义传动比。它反映了操作速度与关节速度相互数量关系,或者相互影响程度,因此雅可比矩阵 J 也被称为一阶影响系数。通过该参数可以进行机床的速度分析、受力分析及误差分析。

2.3.1 影响系数的概念

影响系数是机构学中极其重要的概念。对具有 N 个自由度的机构,在 N 个输入构件给定后,机构的动平台的位置就确定了。动平台的位姿可用其坐标原点的位置矢量及其旋转矩阵来表示,即

$$U = f(\phi_1, \phi_2, \cdots, \phi_N) \tag{2-8}$$

由于输入的运动参数 $\phi_1, \phi_2, \cdots, \phi_N$ 随时间变化,其对时间的导数为

$$\dot{U} = \sum_{i=1}^{N} \frac{\partial U}{\partial \phi_i} \dot{\phi}_i \tag{2-9}$$

由机构的结构特点可知,式(2-8)为非线性方程,而式(2-9)为线性方程。由机构学可知,上式偏导数部分仅与机构的运动学尺寸(铰链的转角和位置、移动副位置和方向)及输入件的位姿有关,而与输入件的运动无关。这些与运动分离的一阶偏导数 $\sum_{i=1}^{N} \frac{\partial U}{\partial \phi_i}$ 称为一阶影响系数,又称雅可比矩阵 J。

如果要求动平台的加速度,可将式(2-9)对时间再次求导,可得

$$\ddot{U} = \sum_{p=1}^{N} \sum_{q=1}^{N} \frac{\partial^2 U}{\partial \phi_p \partial \phi_q} \dot{\phi}_p \dot{\phi}_q + \sum_{i=1}^{N} \frac{\partial U}{\partial \phi_i} \ddot{\phi}_i = H \dot{\phi}_p \dot{\phi}_q + J \ddot{\phi}_i \tag{2-10}$$

这里的二阶导数部分 H 就被定义为二阶影响系数,其矩阵形式为

$$
\boldsymbol{H} = \begin{pmatrix}
\dfrac{\partial^2 U}{\partial\phi_1\partial\phi_1} & \dfrac{\partial^2 U}{\partial\phi_1\partial\phi_2} & \cdots & \dfrac{\partial^2 U}{\partial\phi_1\partial\phi_N} \\[2mm]
\dfrac{\partial^2 U}{\partial\phi_2\partial\phi_1} & \dfrac{\partial^2 U}{\partial\phi_2\partial\phi_2} & \cdots & \dfrac{\partial^2 U}{\partial\phi_2\partial\phi_N} \\[1mm]
\vdots & \vdots & & \vdots \\[1mm]
\dfrac{\partial^2 U}{\partial\phi_N\partial\phi_1} & \dfrac{\partial^2 U}{\partial\phi_N\partial\phi_2} & \cdots & \dfrac{\partial^2 U}{\partial\phi_N\partial\phi_N}
\end{pmatrix} \tag{2-11}
$$

所以,机构的速度和加速度可以用影响系数显式的表达出来,影响系数本身的计算十分方便,易于编程,它深刻地反映了机构的本质。如前所述,由于影响系数本身与运动分离,故它只与机构的运动学参数有关,与输入件位置无关,反映了机构的位姿状态。当机构的位姿改变时,两种运动影响系数也随着改变。若已知影响系数,可以用显函数的形式表示出机构的速度和加速度。

2.3.2　一阶影响系数(雅可比矩阵)和速度求解

三平移并联机床不存在角度转动,其运动学方程的一阶偏导数的定义是 $\dot{\boldsymbol{P}} = \boldsymbol{J}\dot{\boldsymbol{A}}_i$,即

$$
\begin{pmatrix}
\overset{*}{x}_0 \\[1mm]
\overset{*}{y}_0 \\[1mm]
\overset{*}{z}_0
\end{pmatrix} = \boldsymbol{J} \begin{pmatrix}
\overset{*}{x}_1 \\[1mm]
\overset{*}{x}_2 \\[1mm]
\overset{*}{x}_3
\end{pmatrix} \tag{2-12}
$$

其中,$\overset{*}{x}_0,\overset{*}{y}_0,\overset{*}{z}_0$ 分别为 x_0,y_0,z_0 的一阶偏导数,$\overset{*}{x}_1,\overset{*}{x}_2,\overset{*}{x}_3$ 分别为 x_1,x_2,x_3 的一阶偏导数。

所以根据其位置正解,该并联机构的雅可比矩阵为

$$
\boldsymbol{J} = \begin{pmatrix}
a_{11} & a_{12} & a_{13} \\
a_{21} & a_{22} & a_{23} \\
a_{31} & a_{32} & a_{33}
\end{pmatrix} \tag{2-13}
$$

其中,$a_{11} = -\dfrac{1}{2} - \dfrac{S_1^2 - S_3^2}{2(x_1 - x_3)^2}$,$a_{12} = 0$,

$$a_{13} = -\frac{1}{2} + \frac{S_1^2 - S_3^2}{2(x_1 - x_3)^2},$$

$$a_{21} = \overset{*}{y}_{01}, \quad a_{22} = \overset{*}{y}_{02}, \quad a_{23} = \overset{*}{y}_{03},$$

$$a_{31} = \frac{-2(x_0 - x_3)\overset{*}{x}_{01} - 2y_0\overset{*}{y}_{01}}{M}, \quad a_{32} = \frac{-2y_0\overset{*}{y}_{02}}{M},$$

$$a_{33} = \frac{-2(x_0 - x_3)(\overset{*}{x}_{03} - 1) - 2y_0\overset{*}{y}_{03}}{M}.$$

式中, $M = 2\sqrt{S_3^2 - (x_0 - x_3)^2 - y_0^2}$, $\overset{*}{x}_{0i}$ 为 x_0 对 x_i 的导数, $\overset{*}{y}_{0i}$ 为 y_0 对 x_i 的导数, $i = 1, 2, 3$。

则其雅可比矩阵, 即一阶影响系数为

$$J = \begin{pmatrix} -\dfrac{1}{2} - \dfrac{S_1^2 - S_3^2}{2(x_1 - x_3)^2} & 0 & -\dfrac{1}{2} + \dfrac{S_1^2 - S_3^2}{2(x_1 - x_3)^2} \\ \overset{*}{y}_{01} & \overset{*}{y}_{02} & \overset{*}{y}_{03} \\ \dfrac{-2(x_0 - x_3)\overset{*}{x}_{01} - 2y_0\,y_{01}}{M} & \dfrac{-2y_0\,\overset{*}{y}_{02}}{M} & \dfrac{-2(x_0 - x_3)(\overset{*}{x}_{03} - 1) - 2y_0\,y_{03}}{M} \end{pmatrix}$$

$$(2\text{-}14)$$

利用前面求得的运动学方程的逆解, 也可求出其逆雅可比矩阵

$$J^{-1} = \begin{pmatrix} 1 & \dfrac{y_0}{\sqrt{S_1^2 - y_0^2 - z_0^2}} & \dfrac{z_0}{\sqrt{S_1^2 - y_0^2 - z_0^2}} \\ 1 & \dfrac{y_0 - L_y}{\sqrt{S_2^2 - (y_0 - L_y)^2 - (z_0 + L_z)^2}} & \dfrac{z_0 + L_z}{\sqrt{S_2^2 - (y_0 - L_y)^2 - (z_0 + L_z)^2}} \\ 1 & \dfrac{-y_0}{\sqrt{S_3^2 - y_0^2 - z_0^2}} & \dfrac{-z_0}{\sqrt{S_3^2 - y_0^2 - z_0^2}} \end{pmatrix}$$

$$(2\text{-}15)$$

计算逆雅可比矩阵的行列式 $|J^{-1}|$ 为

$$\mathrm{Det}(J^{-1}) = |J^{-1}| = \frac{(A + C)(y_0 L_z + z_0 L_y)}{ABC} \tag{2-16}$$

$$式中,\begin{cases} A = \sqrt{S_1^2 - y_0^2 - z_0^2}, \\ B = \sqrt{S_2^2 - (y_0 - L_y)^2 - (z_0 + L_z)^2}, \\ C = \sqrt{S_3^2 - y_0^2 - z_0^2}。 \end{cases}$$

显然,为防止机构出现死点, $A > 0, B > 0, C > 0$;由于机构约束 $L_y > 0, L_z > 0, y_0, z_0$ 不同时为零,所以 $y_0 L_z + z_0 L_y \neq 0$,即

$$|\boldsymbol{J}^{-1}| \neq 0 \tag{2-17}$$

且

$$|\boldsymbol{J}^{-1}| \neq \infty \tag{2-18}$$

结论:在有效的工作空间内,该机构不存在奇异位形,是单调域。

2.3.3　速度特性分析

雅可比矩阵是操作速度与关节速度的线性变换,利用雅可比矩阵,可将滑块的滑动速度映射到运动平台上,即

$$\boldsymbol{v}_P = \boldsymbol{J}\boldsymbol{v}_A \tag{2-19}$$

其中, $\boldsymbol{v}_P$ 为动平台的速度, $\boldsymbol{v}_A$ 为滑块的速度,且有

$$\boldsymbol{v}_P = \begin{pmatrix} v_x \\ v_y \\ v_z \end{pmatrix} \tag{2-20}$$

$$\boldsymbol{v}_A = \begin{pmatrix} v_1 \\ v_2 \\ v_3 \end{pmatrix} \tag{2-21}$$

在实际设计中,需要知道当运动平台速度最大时,滑块运动速度可能出现的最大值,从而为驱动设计提供依据。由速度计算公式(2-19)可知, $\boldsymbol{v}_A = \boldsymbol{J}^{-1}\boldsymbol{v}_P$,即

$$
\begin{pmatrix} v_1 \\ v_2 \\ v_3 \end{pmatrix} = \begin{pmatrix} 1 & \dfrac{y_0}{\sqrt{S_1^2 - y_0^2 - z_0^2}} & \dfrac{z_0}{\sqrt{S_1^2 - y_0^2 - z_0^2}} \\ 1 & \dfrac{y_0 - L_y}{\sqrt{S_2^2 - (y_0 - L_y)^2 - (z_0 + L_z)^2}} & \dfrac{z_0 + L_z}{\sqrt{S_2^2 - (y_0 - L_y)^2 - (z_0 + L_z)^2}} \\ 1 & \dfrac{-y_0}{\sqrt{S_3^2 - y_0^2 - z_0^2}} & \dfrac{-z_0}{\sqrt{S_3^2 - y_0^2 - z_0^2}} \end{pmatrix} \begin{pmatrix} v_x \\ v_y \\ v_z \end{pmatrix}
$$

$$(2\text{-}22)$$

在选定结构参数为 $S_1 = S_2 = S_3 = 160$ cm, $L_y = L_z = 30$ cm 的条件下, 根据如上计算, 可得该并联机床的速度特性曲线如图 2-3 至图 2-8 所示。

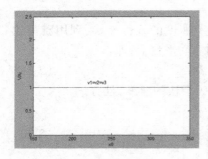

图 2-3　动平台速度为 v_x 时, 三滑块速度曲线

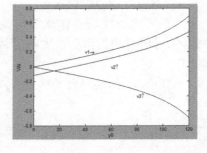

图 2-4　动平台速度为 v_y 时, 三滑块速度曲线 (在 $z_0 = 60$ 处)

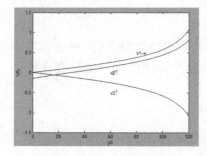

图 2-5　动平台速度为 v_y 时, 三滑块速度曲线 (在 $z_0 = 90$ 处)

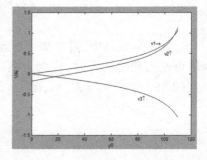

图 2-6　动平台速度为 v_y 时, 三滑块速度曲线 (在 $z_0 = 104$ 处)

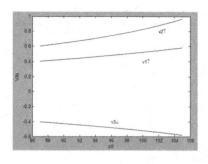 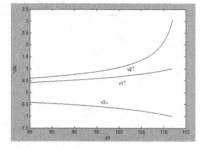

图 2-7　动平台速度为 v_z 时,三滑块　　**图 2-8**　动平台速度为 v_z 时,三滑块
　　　　速度曲线(在 $y_0 = 80$ 处)　　　　　　　　速度曲线(在 $y_0 = 100$ 处)

图 2-3 表明,当运动平台速度为沿 X 轴方向平动时,3 个滑块的速度相等,且与其所处的位置无关。图 2-4、图 2-5、图 2-6 表明,当运动平台沿 Y 方向平动时,红色的滑块 A_1 和黑色滑块 A_3 的速度特性曲线大小相等、方向相反,滑块 A_2 的速度方向与滑块 A_1 一致,但小于滑块 A_1 的速度;并且还可以发现,随着 z_0 值的增大,其速度曲线的变化趋于平稳,故在截取工作空间时, z_0 可取大值,更有利于切削运动的稳定性。图 2-7 和图 2-8 是活动平台沿 Z 轴匀速平动时 3 个滑块的速度特性曲线,从中可知滑块 A_1 和滑块 A_3 的速度大小相等、方向相反,而滑块 A_2 的速度大于滑块 A_1 的速度,但方向与滑块 A_1 一致。同时由图观察可知,当运动平台远离机床横梁时,速度曲线曲率增大,速度变化剧烈,越靠近机床横梁,速度曲线越平稳,所以在截取工作空间时,应尽量靠近机床横梁。

2.3.4　速度综合

在实际设计时,应根据活动平台的速度确定滑块的最大速度,从而为驱动装置的设计和滑块控制提供依据。

设已知动平台的最大速度为 $v_{P\max}$,且可沿 X 轴、Y 轴和 Z 轴方向分解为 $v_x = v_y = v_z = v$,根据式(2-22),可求得 3 个滑块的速度 v_1,v_2,v_3(见表 2-1)。

表 2-1　3 个滑块速度与动平台最大速度之间的关系

滑块	活动平台的最大速度/$(m \cdot s^{-1})$			动平台的位置/cm		滑块速度/$(m \cdot s^{-1})$
	v_x	v_y	v_z	y_0	z_0	v_i
	v	v	v	100	95	$3.4v$
	v	v	0	100	95	$2.23v$
	v	0	v	100	95	$2.17v$
A_1	0	v	v	100	95	$2.4v$
	v	0	0	100	95	v
	0	v	0	100	95	$1.13v$
	0	0	v	100	95	$1.17v$
	v	v	v	100	95	$3.74v$
	v	v	0	100	95	$1.983v$
	v	0	v	100	95	$2.757v$
A_2	0	v	v	100	95	$2.74v$
	v	0	0	100	95	v
	0	v	0	100	95	$0.983v$
	0	0	v	100	95	$1.757v$
	v	$-v$	$-v$	100	95	$3.4v$
	v	$-v$	-0	100	95	$2.23v$
	v	0	$-v$	100	95	$2.17v$
A_3	0	$-v$	$-v$	100	95	$2.4v$
	v	0	0	100	95	v
	0	v	0	100	95	$-1.13v$
	0	0	v	100	95	$-1.17v$

由表 2-1 可知,当动平台在 X,Y,Z 3 个方向均有速度分量时,受其合成速度的影响,滑块 A_2 的速度最大,约为动平台的 3.74 倍;当动平台只存在 X,Y 两个方向分量时,滑块 A_1 和 A_3 的速度最大,约为动平台的 2.23 倍;当动平台只存在 X,Z 两个方向分量时,滑块 A_2 的速度最大,约为动平台的 2.757 倍;当动平台只存在 Y,Z 两个方向分量时,滑块 A_2 的速度最大,约为动平台的 2.74 倍;当动平台只存在 X 方向分量时,滑块 A_1, A_2 和 A_3 的速度相等,都等于动平台的平动速度;当动平台只存在 Y 方向分量时,滑块 A_1 和 A_3 的速度

最大,且速度大小相等,但方向相反,约为动平台的 1. 13 倍;当动平台只存在 Z 方向分量时,滑块 A_2 的速度最大,约为动平台的 1. 757 倍,滑块 A_1 和 A_3 速度相等,但方向相反,约为动平台的 1. 17 倍。

所以,通过并联机床速度综合,可以分析出在动平台的移动速度一定的情况下各滑块的速度特性,并且和上述速度特性曲线完全一致。

2. 3. 5 加速度分析

为了得到并联机构的加速度关系式,采用了直接对速度关系式求导的方法。

设动平台三维移动的加速度 a_P 在基坐标系 $O - XYZ$ 的分量分别表示为 $\{a_x, a_y, a_z\}$,3 个滑块的输入加速度表示为 $a_i (i = 1, 2, 3)$,则将式 $v_A = J^{-1}v_P$ 的两端再一次求导,可以得到加速度逆解的显式表达,即

$$a_A = \{a_1, a_2, a_3\}^T = \dot{v}_A = J^{-1}\dot{v}_P + \dot{J}^{-1}v_P = J^{-1}a_P + v_P^T H v_P$$

对式(2-19)再次求导,得

$$a_1 = a_x + y_0 A a_y + A v_y^2 + y_0^2 A^3 v_y^2 + z_0 A a_z + A v_z^2 + z_0^2 A^3 v_z^2$$
$$= (a_x + y_0 A a_y + z_0 A a_z) + (A v_y^2 + y_0^2 A^3 v_y^2 + A v_z^2 + z_0^2 A^3 v_z^2)$$

$$a_2 = a_x + (y_0 - L_y) B a_y + B v_y^2 + (y_0 - L_y)^2 B^3 v_y^2 + (z_0 + L_z) B a_z +$$
$$B v_z^2 + (z_0 + L_z)^2 B^3 v_z^2$$
$$= [a_x + (y_0 - L_y) B a_y + (z_0 + L_z) B a_z] + [B v_y^2 + (y_0 - L_y) B^3 v_y^2 +$$
$$B v_z^2 + (z_0 + L_z)^2 B^3 v_z^2]$$

$$a_3 = a_x - (y_0 C a_y + C v_y^2 + y_0^2 C^3 v_y^2) - (z_0 C a_z + C v_z^2 + z_0^2 C^3 v_z^2)$$
$$= (a_x - y_0 C a_y - z_0 C a_z) - (C v_y^2 + y_0^2 C^3 v_y^2 + C v_z^2 + z_0^2 C^3 v_z^2)$$

整理得加速度逆解表达式为

$$a_A = \{a_1, a_2, a_3\}^T$$
$$= \begin{pmatrix} (a_x + y_0 A a_y + z_0 A a_z) + (A v_y^2 + y_0^2 A^3 v_y^2 + A v_z^2 + z_0^2 A^3 v_z^2) \\ [a_x + (y_0 - L_y) B a_y + (z_0 + L_z) B a_z] + [B v_y^2 + (y_0 - L_y) B^3 v_y^2 + \\ B v_z^2 + (z_0 + L_z)^2 B^3 v_z^2] \\ (a_x - y_0 C a_y - z_0 C a_z) - (C v_y^2 + y_0^2 C^3 v_y^2 + C v_z^2 + z_0^2 C^3 v_z^2) \end{pmatrix}$$

$$= \begin{pmatrix} 1 & y_0A & z_0A \\ 1 & (y_0-L_y)B & (z_0+L_z)B \\ 1 & -y_0C & -z_0C \end{pmatrix} \begin{pmatrix} a_x \\ a_y \\ a_z \end{pmatrix} +$$

$$\begin{pmatrix} Av_y^2 + y_0^2A^3v_y^2 + Av_z^2 + z_0^2A^3v_z^2 \\ + Bv_y^2 + (y_0-L_y)B^3v_y^2 + Bv_z^2 + (z_0+L_z)^2B^3v_z^2 \\ - (Cv_y^2 + y_0^2C^3v_y^2) - (Cv_z^2 + z_0^2C^3v_z^2) \end{pmatrix} \quad (2\text{-}23)$$

$$= \{J^{-1}\}\{a_x, a_y, a_z\}^T + \{R\} = J^{-1}a_P + v_P^T H\, v_P$$

其中,

$$\{R\} = \{R_1, R_2, R_3\}^T$$

$$= \begin{pmatrix} Av_y^2 + y_0^2A^3v_y^2 + Av_z^2 + z_0^2A^3v_z^2 \\ Bv_y^2 + (y_0-L_y)B^3v_y^2 + Bv_z^2 + (z_0+L_z)^2B^3v_z^2 \\ - (Cv_y^2 + y_0^2C^3v_y^2) - (Cv_z^2 + z_0^2C^3v_z^2) \end{pmatrix}$$

$$= v_P^T H v_P,$$

$$\begin{cases} A = \sqrt{S_1^2 - y_0^2 - z_0^2}, \\ B = \sqrt{S_2^2 - (y_0-L_y)^2 - (z_0+L_z)^2}, \\ C = \sqrt{S_3^2 - y_0^2 - z_0^2}。 \end{cases}$$

因为 J^{-1} 非奇异,则有

$$\{a_x, a_y, a_z\}^T = J\{a_1, a_2, a_3\}^T - J\{R\} = J\{a_1, a_2, a_3\}^T - Jv_P^T H v_P$$

$$(2\text{-}24)$$

式(2-24)正是本机构的加速度正解。

2.4　本章小结

本章以一种新型三平移自由度的并联机床为例,对新型三自由度并联机床系统地进行了运动学分析和综合,它是并联机床控制技术、工作空间研究的基础。首先对一种新型三平移自由度的并联机床进行了机构分析和自由度求解,在此基础上进行了运动学建模,并求出了其正、逆解。由结果可知,该并联机构的运动学正、逆解计算简单,为显式表达,所以易于求出其雅可比矩阵(一阶影响系数)。通过雅可比矩阵分析可知,该机构在工作空间内无奇异点和不定位形,无运动干涉和耦合;通过速度特性的分析,获得了 3 个滑块间运动速度的关系及其与动平台速度的关系,并且速度特性曲线连续而且光滑,没有突出的尖点,体现本机构运动的平稳性。最后求出了机构的加速度正、逆解。

第3章 插补算法及其改进方法

插补模块是整个数控系统中处于核心功能的模块之一，系统的很多特性都和插补算法的选择有关。因此，本章主要介绍基本的插补算法及如何对逐点比较插补法进行改进，以提高数控机床的加工速度。机床数控系统轮廓控制的主要问题，就是如何控制刀具或工件的运动轨迹。一般情况是已知运动轨迹的起点坐标、终点坐标、曲线类型和走向，由数控系统实时地计算出各个中间点的坐标，即需要"插入、补上"运动轨迹各个中间点的坐标，通常将这个过程称为"插补"。插补算法就是在刀具运动轨迹中插入若干个中间点，使数据密化的过程。

本章首先介绍传统的逐点比较等插补法的原理及速度分析，然后介绍本产品采用的一种新的插补方法——弧度分割法插补及其速度分析。

3.1 插补的实现方法

插补可用硬件或软件来实现。早期的硬件数控系统（NC）中，都采用硬件的数字逻辑电路来完成插补工作。在计算机数控系统（CNC）中，插补工作一般由软件完成，也有用软件进行粗插补，用硬件进行细插补的 CNC 系统。

软件插补方法分为两类，即基准脉冲插补法和数据采样插补法。

基准脉冲插补法是模拟硬件插补原理，即把每次插补运算产生的指令脉冲输入到伺服系统，以驱动机床部件运动。该方法插补程序比较简单,但由于输出脉冲的最大速度取决于执行一次运算所需的时间,所以进给速度受到一定的限制。这种插补方法一般用在进给速度不是很高的数控系统或开环数控系统中。基准脉冲插补有多种方法,最常用的是逐点比较插补法和数字积分插补法。

数据采样插补法用在闭环数控系统中,插补结果输出的不是脉冲,而是数据。计算机定时地对反馈回路采样,将得到的采样数据与插补程序所产生的指令数据相比较后,以误差信号输出,驱动伺服电动机。各系统采样周期不尽相同,一般取 10 ms 左右。这种插补方法所产生的最大速度不受计算机最大运算速度的限制,但插补程序比较复杂。

3.2　插补算法的发展现状

当前国内外关于插补算法的研究包括以下几个方面:

（1）用曲线来逼近零件的轮廓。要注意的是,这种方法会产生误差,在插补过程中应尽量减少算法曲线的分段数来减少误差产生;分段数少,意味着程序简单化,代码长度相应缩短,微机处理效率得到提高,这就是曲线插补算法提出的依据。

（2）自适应特征插补算法。它所依据的是误差逼近原理,即无限逼近实际曲线与取代这段曲线的直线段的距离;它决定于步长,当曲线曲率变大时,步长变小,曲率减小时,步长变大。该算法通过判断逼近误差的大小,确定是否插入新点。

（3）基于神经网络插补。它是依据神经网络算法,利用一系列点进行训练,然后与数学方程得到的点比较,加工轨迹就是根据训练得到的点生成的。

（4）多轴联动数控系统插补算法。近年来,多轴联动机床已成为发展潮流,对其数控系统的研究也越来越多,其数控系统可以同时对多轴甚至对成套机群进行控制。由于多轴联动机床的强大功能,国内外对多轴联动数控系统插补算法做了大量研究,目前多采用线性方法进行实时插补。

3.3 逐点比较法

3.3.1 逐点比较插补法的概念

逐点比较插补法通过逐点的比较刀具与所需插补曲线的相对位置,确定刀具的坐标进给方向以加工出零件的廓形。

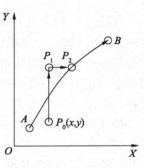

图3-1　逐点比较插补法

逐点比较插补法首先根据要插补的曲线构造一个偏差函数,对于如图 3-1 所示的曲线 AB,其偏差函数为 $F = F(x, y)$, x, y 为刀具的坐标,函数 F 的正负必须反映刀具与曲线的相对位置关系,这种关系为

$$\begin{cases} F(x,y) > 0,刀具在曲线上方 \\ F(x,y) = 0,刀具在曲线上 \\ F(x,y) < 0,刀具在曲线下方 \end{cases}$$

逐点比较法的程序流程图如图 3-2 所示,由 4 个工作节拍组成。流程图说明如下:

(1)偏差判别:判别函数的正负,以确定刀具相对于所加工曲线的位置。

(2)进给:根据上一节拍判断结果确定刀具的进给方向。

(3)偏差计算:计算出刀具进给后在新的位置上的偏差值,为下一步插补循环工作做好准备。

(4)终点判别:判断刀具是否到达曲线的终点,若到达终点,则插补工作结束;若未到达终点,则继续插补。

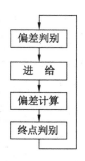

图 3-2 逐点比较法程序流程图

3.3.2 空间直线插补原理

已知任意一条空间直线 $M_A N_A$，经坐标变换到机床坐标系（定系）下的坐标值为 $M_A(x_{MA}, y_{MA}, z_{MA})$，终点 $N_A(x_{NA}, y_{NA}, z_{NA})$，且假设 $M_A N_A$ 的距离为 l，方向余弦分别为 $\cos\alpha, \cos\beta, \cos\gamma$。

根据逐点比较法的要求，将 $M_A N_A$ 分为无数个微小直线段，假设插补周期为 T，进给速度为 F，则每个周期的进给量可以由下式计算：

$$\Delta l_i = \frac{FT}{60 \times 100}$$

得到进给量后，可求出各方向余弦，即由

$$M_A N_A = l = \sqrt{(x_{NA} - x_{MA})^2 + (y_{NA} - y_{MA})^2 + (z_{NA} - z_{MA})^2}$$

可得到各方向余弦

$$\begin{cases} \cos\alpha = \dfrac{x_{NA} - x_{MA}}{l} \\[2mm] \cos\beta = \dfrac{y_{NA} - y_{MA}}{l} \\[2mm] \cos\gamma = \dfrac{z_{NA} - z_{MA}}{l} \end{cases}$$

得到各方向的方向余弦后，则可计算各个坐标轴上的分量。在第 i 个插补周期内各个分量为

$$\begin{cases} \Delta x_i = \Delta l_i \cos \alpha \\ \Delta y_i = \Delta l_i \cos \beta \\ \Delta z_i = \Delta l_i \cos \gamma \end{cases}$$

空间绝对坐标可以表示为

$$\begin{cases} x_i = x_1 + \cos \alpha \sum_{j=0}^{i-1} \Delta l_j \\ y_i = y_1 + \cos \beta \sum_{j=0}^{i-1} \Delta l_j \\ z_i = z_1 + \cos \gamma \sum_{j=0}^{i-1} \Delta l_j \end{cases}$$

由于采用数据采样插补,对于直线路径来说,下一个插补点还在曲线上,因此不存在轨迹误差。图 3-3 给出空间直线采用数据采样插补法的详细流程。

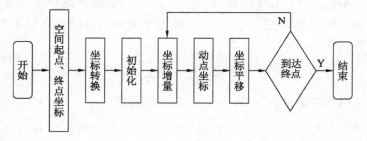

图3-3 空间直线插补流程图

对于平面直线的插补,方法类似,只是空间三维和平面二维的区别,而且也不存在轨迹误差,在此不再复述。

3.3.3 逐点比较插补法用于圆弧插补的原理

要插补的圆弧如图 3-4 所示,其偏差函数为

$$F = X^2 + Y^2 - R^2$$

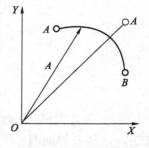

图3-4 要插补的圆弧

其中,$F>0$,刀具在圆弧外;$F=0$,刀具在圆弧上;$F<0$,刀具在

圆弧内。

进给方向与偏差计算（以顺圆插补为例）见表 3-1。

表 3-1　顺圆插补计算方法

偏差情况	进给方法	偏差计算	坐标计算
$F_i \geqslant 0$	$-Y$	$F_{i+1} = F_i - 2y_i + 1$	$x_{i+1} = x_i$; $y_{i+1} = y_{i-1}$
$F_i < 0$	$+X$	$F_{i+1} = F_i + 2x_i + 1$	$x_{i+1} = x_{i+1}$; $y_{i+1} = y_i$

插补次数计算公式为 $|x_b - x_a| + |y_b - y_a|$。其工作流程图如图 3-5 所示。

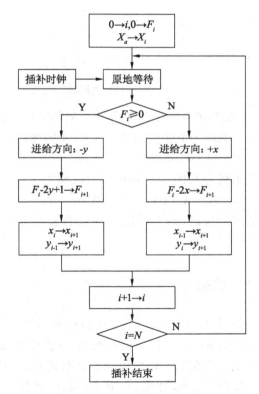

图 3-5　曲线插补程序流程图

其中 i 是插补的循环次数，F_i 为第 i 个插补循环时的偏差函数的值,(x_i, y_i)是刀具的坐标,N为加工完圆弧时刀具沿X,Y两坐标应走的总步数。

3.3.4　速度分析

对于如图 3-6 所示的曲线,插补循环的次数为

$$|x_b - x_a| + |y_b - y_a| = |500 - 0| + |0 - 500| = 1\ 000$$

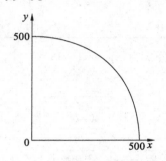

图 3-6　用于插补的圆弧

设单片机的振荡频率为 12 MHz,则机器周期为 1 μs,$N = 1\ 000$ 次,设执行程序每个循环为 100 机器周期,则加工需要时间为

$$1\ 000 \times 100 \times 1\ \mu s = 100\ ms$$

如果加工半径为 500 的圆,则所需总时间为

$$4 \times 100\ ms = 400\ ms$$

为了提高加工速度,本书采用一种新的插补方法——弧度分割法。

3.4　弧度分割法插补

计算机数控系统(CNC)的关键问题是实时性问题。为提高 CNC 的处理速度和精度,人们不断探索插补运算的新方法,目前 CNC 中较快的插补大都属于直角坐标值分割式和时间分割式两大类。为了进一步提高 CNC 性能,本书采用新的插补法——弧度分割法。弧度分割法不属于时间分割类,也不属于直角坐标分割类,它是将曲率半径为 R 的弧线分割成有限份后,进行坐标位移量的

计算。

3.4.1 弧度分割法插补原理

为了说明问题，假定圆弧被分割得较粗，如图 3-7 所示，以第一象限顺圆为例。

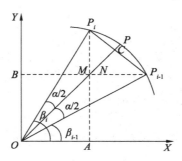

图 3-7 弧度分割法原理图

设圆弧的圆心在原点，圆弧上动点为点 P_i，经一个插补周期后到达点 P_{i-1}，其角步长为 α，P_i 点的坐标为 (X_i, Y_i)，矢量角为 β_i，点 P_{i-1} 的坐标为 (X_{i-1}, Y_{i-1})。在图上作辅助线，连接 $P_i P_{i-1}$，过原点作弦 $P_i P_{i-1}$ 的垂线平分线交于点 C，过点 P_i 点作 X 轴的垂线交于点 A，过点 P_{i-1} 点作 Y 轴的垂线交于点 B，两垂直线相交于点 M，直线 $P_{i-1}b$ 与直线 OC 交于点 N，显然

$$\angle P_{i-1}P_iM = \angle P_{i-1}NC = \angle NOA = \beta_i - \alpha/2$$

设坐标增量为

$$\Delta X_{i-1} = X_{i-1} - X_i \tag{3-1}$$

$$\Delta Y_{i-1} = Y_{i-1} - Y_i \tag{3-2}$$

$$\Delta x_{i-1} = P_iP_{i-1}\sin(\beta_i - \alpha/2) \tag{3-3}$$

$$\Delta Y_{i-1} = P_iP_{i-1}\cos(\beta_i - \alpha/2) \tag{3-4}$$

由式（3-3）得

$$\Delta X_{i-1} = \sqrt{R^2 + R^2 - 2R^2\cos\alpha}\sin(\beta_i - \alpha/2)$$

整理得

$$\Delta X_{i-1} = R\sin\beta_i\sin\alpha - R\cos\beta_i(1 - \cos\alpha)$$

把 $Y_i = R\sin\beta_i$，$X_i = R\cos\beta_i$ 代入上式得

$$\Delta X_{i-1} = Y_i \sin \alpha - X_i (1 - \cos \alpha) \qquad (3-5)$$

同理得

$$\Delta Y_{i-1} = X_i \sin \alpha + Y_i (1 - \cos \alpha) \qquad (3-6)$$

由式(3-1)和式(3-2)得

$$X_{i-1} = X_i + \Delta X_{i-1} \qquad (3-7)$$

$$Y_{i-1} = Y_i + \Delta Y_{i-1} \qquad (3-8)$$

这样从第一点开始做有限次的递推,最终形成圆弧轨迹,而每一步误差最大处为弦高 CP,它是一个与 R 有关的误差值,称之为轨迹误差,轨迹误差的相对值为

$$e = (R - OC)/R = 1 - \cos(\alpha/2) \qquad (3-9)$$

把 e 称为相对轨迹误差,只要选择足够小的 α 就可以满足精度要求。

由式(3-9)可以看出,相对轨迹误差 e 是角步长 α 的单值函数,可以根据 e 的要求在 CNC 中一次性地确定 α 的值,一旦 α 值确定,式(3-5),(3-6)中的 $\sin \alpha$,$(1 - \cos \alpha)$ 可分别看作常数。

令 $\delta_d = \sin \alpha$,$\delta_c = 1 - \cos \alpha$,为了减少计算时间,可以找出 δ_c 与 δ_d 的关系,将

$$\delta_c/\delta_d = (1 - \cos \alpha)/\sin \alpha = \tan(\alpha/2)$$

用幂级数展开得

$$\delta_c/\delta_d = 0 + \alpha/2 + 0 + (1/3!)\alpha^3 + 0 + \cdots$$

由于 $\sin \alpha$ 的展开式为

$$\sin \alpha = \alpha - (1/3!)\alpha^3 + (1/5!)\alpha^5 - \cdots$$

所以

$$\delta_c/\delta_d = \alpha/2 + 1/3! + (1/4)\alpha^3 + \cdots$$

当 $\alpha \ll 1$ 时,$\delta_c/\delta_d \approx (1/2)\sin \alpha = (1/2)\delta_d$,其误差

$$\sigma \leqslant 1/3! \ \alpha^3 \qquad (3-10)$$

称为插补近似误差,式(3-5)和(3-6)可以写成

$$\Delta x_{i-1} = y_i \delta_d - x_i \delta_d^2/2 \qquad (3-11)$$

$$\Delta y_{i-1} = y_i \delta_d^2 + x_i \delta_d \qquad (3-12)$$

式(3-11)和式(3-12)中,δ_d,$\delta_d^2/2$ 为常数,因此计算机对 X_{i-1},

Y_{i-1} 的计算速度相当快,适合于高速实时运算。

3.4.2　效果检验

（1）误差分析。

用弧度分割法带来的误差有如下 3 个方面:

① 相对轨迹误差 $e = 1 - \cos(\alpha/2)$;

② 插补近似误差 $\sigma = (1/3!)\alpha^3$;

③ 计算机尾数丢失误差。由于 $\sin\alpha = 2^{-8}$,弧度 α 为定值,$\alpha = 3.906\ 759\ 9 \times 10^{-3}$,所以整圆插补总步数为定值总步数 $K = 2\pi/\arcsin(2^{-8}) \approx 1\ 609$ 步,因此最大尾数丢失误差为 $1\ 609 \times 2^{-17} = 0.012\ 276\ \mu m$,此时 $e \approx 109\ 073 \times 10^{-10}$。设轨迹半径为 500 mm,则总最大误差

$$\Delta max = R \cdot e + \sigma + 0.012\ 276$$
$$= 500 \times 10^3 e + 500 \times 10^3 \times 6.511\ 266\ 5 \times 10^{-10} + 0.012\ 276$$
$$= 0.557\ 9 < 1\ \mu m$$

（2）速度分析。

按上面假定角步长为 $\arcsin(2^{-8})$,当用普通的 51 系列单片机执行,每步计算时间约为 37 μs,若以上述的相对轨迹误差计算,总步数为 1 609 步,执行一个半径为 500 mm 的整圆所需的总时间为 59.5 ms。显然,只要执行机构允许,插补速度可达 200 m/min 以上,即用普通单片机即可达到高档 CNC 的性能。

3.5　多维坐标的插补

在并联机床中,往往由多个坐标的运动来完成一个动作。在串联机床中,空间坐标内的运动完全由 (x,y,z) 三维运动来完成,但由于并联机构的独特性,在空间内的运动往往由超过三维坐标的运动来完成。因此,并联机床的分析必定涉及到多维运动插补。下面针对并联机床多维运动介绍多维插补。

设多维直线为

$$k_1 x^1 + k_2 x^2 + k_3 x^3 + \cdots + k_n x^n + k_0 = 0$$

这里,$k_0, k_1, k_2, \cdots, k_n$ 为多维直线方程系数 $x^1, x^2, x^3, \cdots, x^n$ 组成的 n 维变量。设 $x_{m+1}^k = x_m^k + 1$,那么 $F_{m+1} = F_m + k_1$。

当求得 F_{m+1} 后,下一步走 $X_{m+1}^k \sim X_{m+1}^n$ 中的哪一个变量,要根据 F_{m+1} 的值及 $k_1 \sim k_n$ 的值而定;当 $F_{m+1} + k_1$, $\cdots$, $F_{m+1} + k_n$ 中某个值最接近 0,则下一步就走该相应的变量。例如,当 $|F_{m+1} + k_l|$ 最小时,下一步就走 x^l。所以,在确定下一步走哪一维坐标时,计算机要做一个比较,找到 $|F_{m+1} + k_l|$ 为最小的值。程序框图如图 3-8 所示。

3.6 NURBS 曲线插补

3.6.1 NURBS 插补的概念

在 20 世纪 80 年代中期发展起来的 NURBS(非均匀有理 B 样条),可以很灵活地描述自由曲线和曲面,大大弥补了传统插补的不足,得到了广泛的应用。NURBS 插补方法有如下优点:

(1)光滑性:控制点少,形成的曲线光滑,而且一阶、二阶导数连续。

(2)统一性:可以统一表示圆、椭圆、抛物线、双曲线、圆锥等曲线。

(3)便捷性:当曲线的局部发生变更时,可不影响曲线其他部分,非常便捷。

首先给出 NURBS 曲线的定义。对于一条 k 次 NURBS 曲线,可以用下面的多项式来表示

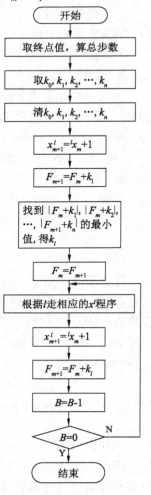

图 3-8 多维插补算法

$$P(u) = \frac{\sum\limits_{i=0}^{n} N_{i,k}(u) W_i V_i}{\sum\limits_{i=0}^{n} N_{i,k}(u) W_i}$$

式中，V_i 为控制定点，W_i 为每个控制定点对应的权因子，且 $W_0 > 0$，$W_n > 0$，$W_i > 0$，$i = 1, 2, \cdots, n-1$，u 为参数。$N_{i,k}(u)$ 为 k 次 B 样条基数，其定义为

$$\begin{cases} N_{i,0}(u) = \begin{cases} 1, & u \in [u_i, \quad u_{i+1}] \\ 0, & u \notin [u_i, \quad u_{i+1}] \end{cases} \\ N_{i,k}(u) = \dfrac{(u - u_i)}{(u_{i+k+1} - u_i)} N_{i,k-1}(u) + \dfrac{(u_{i+k} - u)}{(u_{i+k} - u_{i+1})} N_{i+1,k-1}(u) + \cdots \\ 规定 \dfrac{0}{0} = 0 \end{cases}$$

计算 NURBS 曲线上的点，常用方法是采用非均匀有理 B 样条曲线的德布尔算法。该方法的思想是对于任意给定的一个参数 $u \in [u_i, u_{i+1}] \subset [u_k, u_{n+1}]$，在 B 样条曲线上对应着一点 $P(u)$，称之为德布尔算法的递推公式

$$P(u) = \sum_{j=0}^{n} V_i N_{j,k}(u) = \sum_{j=i-k}^{i-l} V_j^l N_{j,k-1}(u)$$

$$= \cdots = V_{d-k}^k, u \in [u_i, u_{i+1}] \subset [u_k, u_{n+1}]$$

$$V_j^l = (1 - \alpha_j^l) V_j^{l-1} + \alpha_j^l V_{j+1}^{l-1}, j = i - k, i - k + 1, \cdots, i - 1; l = 1, 2, \cdots, k$$

规定 $0/0 = 0$，$P(u)$ 为所要插补的 NURBS 曲线上的坐标点。

上述算法得到的插补曲线，误差来源于弦和曲线定点之间的径向距离，由路径细分后得到的直线段逼近实际曲线造成，而且误差的大小随曲率增大而增大。

具体的插补流程如图 3-9 所示。

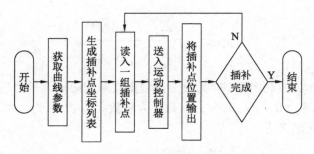

图3-9 NURBS 插补流程图

3.6.2 恒定去除率的 NURBS 插补算法

弦长误差与曲线进给速度和曲率半径之间有很大关系。假设部分曲线参数 $u \in [u_i, u_{i+1}]$ 在半径为 r 的圆弧上,如图3-10 所示。其中,r 是其参数 $u = u_i$ 时的曲率半径。$C(u_i), C(u_{i+1})$ 分别是当 $u = u_i, u = u_{i+1}$ 时圆弧上的插补点,$P(u_i), P(u_{i+1})$ 分别是当 $u = u_i, u = u_{i+1}$ 时曲线上的插补点,且 $P(u_i) = C(u_i)$。现定义 $L = \| C(u_{i+1}) - C(u_i) \|$,则曲线进给速度近似为

$$V(u_i) = \frac{L}{T_s}$$

弦长误差可以用下式计算得出:

$$ERR = r - \sqrt{r^2 - \left(\frac{L}{2}\right)^2}$$

曲线进给速度 $V(u_i)$ 与弦长误差 ERR 的关系可以用下式表示:

$$V(u_i) = \frac{2}{T_s}\sqrt{r^2 - (r - ERR)^2}$$

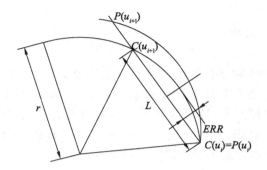

图 3-10　NURBS 法下插补点的预测

　　一般而言,曲率半径 r 远大于弦长误差 ERR,因此进给速度是个实值。在实际情况中,希望弦长误差尽量小且满足要求下进给速度足够大。为了降低弦长误差所带来的影响,首先提供一个弦长误差估计值,根据该估计值,可以得到进给速度的估计值,然后将进给速度分以下两种情况进行讨论:

$$V(u) = \begin{cases} F, & \frac{2}{T_S}\sqrt{r^2 - (r - ERR)^2} > F \\ \frac{2}{T_S}\sqrt{r^2 - (r - ERR)^2}, & \frac{2}{T_S}\sqrt{r^2 - (r - ERR)^2} \leqslant F \end{cases}$$

式中, F 是给定的进给速度值。

　　这样就限制了其最大进给速度,且只有当曲率半径很小时,进给速度才会被调节,否则,保持原有速度不变,节省了很多启停的过程。

　　控制弦长误差的插补过程是根据机床参数和曲线参数(例如期望的精度和机床的精度)计算曲率半径;从第 i 个插补点开始,由要求的弦长误差 ERR 计算 $V(u_i)$,然后加 1,即到下一个插补点;将前面计算得到的 $V(u_i)$ 与给定进给速度 F 比较,如果 $V(u_i) > F$,则取进给速度为 F,如果 $V(u_i) < F$,则进给速度就取 $V(u_i)$;最后,获得每个关于曲率的插补点的速度值。

3.7　本章小结

　　本章主要对插补算法进行了描述和分析,并在传统插补算法的基础上提出了本书所采用新的插补法——弧度分割法。在弧度分割法的基础之上,针对并联机床多自由度的特点又提出了多维坐标的插补算法,并且介绍了先进的 NURBS 曲线插补算法,为本并联机床数控系统的设计提供了理论基础。

第4章 并联机床数字控制系统

并联机床的数字控制系统目前分为专用控制系统和开放式数控系统,本章重点介绍专用数字控制系统硬件电路及其原理设计。本设计中,采用多 CPU 结构,分别完成插补运算、开关量的输出和键盘、液晶显示器的控制。其中,CPU1 通过过渡板连接液晶显示器部分是本设计中的难点,将着重介绍。最后,简要介绍开放式数控系统及其关键技术。

4.1 并联机床专用数控系统的研究现状

经济型机床数控系统控制部分通常采用单片机,驱动采用伺服电机,具有经济实用、应用面广的特点。

近年来,我国在发展经济型数控技术改造传统产品、开发机电一体化产品方面取得了一定成效,尤其是近几年的快速发展,串联型机床数控系统在全国形成了一定的生产规模。串联型数控系统的不断成熟也为并联机床数控系统的发展打下了基础,尤其是在直线插补、驱动控制等方面的应用。

随着加工要求的不断提高和机床结构的不断发展,对数控系统的要求越来越多,由于并联机床还在研究阶段,成熟的并联机床专用数控系统还未见报道。本书就是基于三平移并联机床的特征来研究专用的控制系统——并联机床的计算机专用控制系统。

机床数控系统是随着计算机和自动控制技术发展而迅速发展起来的,数控机床是典型的机电一体化产品。如果单从计算机技术来看,机床数控系统是一台比较简单的专用计算机,但如果把从控制信息的输入到功率驱动的全过程及执行精度的检测、反馈、补偿等集成在一起,那就比一般信息处理要复杂得多。

机床数控技术可以说是计算机、自动控制、伺服驱动、精密加工工艺、误差分析与补偿等多专业技术综合的技术。从行业发展规划来看,如果能从数控机床的总体要求来探讨数控系统及经济型数控系统的发展就更为实际和全面。比较理想的是从机电一体化产品的总体设计出发,结合自动化机床加工工艺的特点和要求,对并联机床的总体结构、进给系统、变速系统、工件工具夹持系统进行全面的改进,最后再加上相应的控制系统和驱动系统。

4.2 三平移并联机床数控系统的总体设计方案及主要特点

4.2.1 总体设计方案

首先,通过对并联机床的机构构型的分析,确定其正、逆解模型;然后,通过 Matlab 等工具,利用边界搜索算法;最后,编写工作空间边界搜索数值计算程序进行计算,分析结构参数对工作空间的影响,从而进一步确定其状态空间和各种机构构型参数。

采用下位机与上位机协调工作的方案,上位机是普通系统机,与下位机之间采用串口通信;下位机采取高速多 CPU 方案,根据功能和任务的不同,将 CPU 分为主 CPU、从 CPU1 和从 CPU2。其中,主 CPU 负责插补运算,系统管理,开关量输入、输出;从 CPU1 负责键盘和显示;从 CPU2 负责实时闭环反馈输入和进给输出,具体如图 4-1 所示。

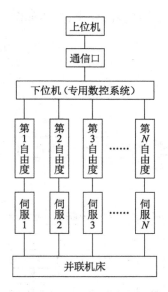

图 4-1 总体设计方案原理图

4.2.2 主要特点

由图 4-1 可知,该系统采用上位机与下位机结合的形式,下位机负责插补运算,上位机负责运动轨迹运算。由于采用了多 CPU 控制,合理分配了数控运行中的任务,将大大提高运行效率,同时也间接地提高了系统的运行速度。

主 CPU 负责程序的快速插补和指令的执行;从 CPU1 负责显示和管理键盘、系统的后台,使之具备高档数控的功能;从 CPU2 负责精插补和进给反馈。从 CPU2 实际上替代所谓的硬件插补器,使程序执行的速度大大加快,通常是普通逐点比较法的 5 倍左右。

采用上位机与下位机结合的形式,下位机负责插补运算,上位机负责运动轨迹运算。

4.3 硬件框图

数控机床的硬件系统采用分布式计算机系统,这样可以达到用廉价的芯片来获得高性能的要求,具体如图 4-2 所示。

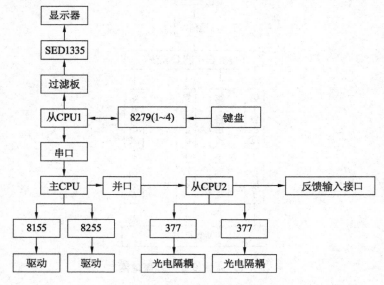

图 4-2　并联机床数控系统结构图

该系统采用 3 个 CPU,即主 CPU、从 CPU1、从 CPU2。其中,主 CPU 完成整机管理及核心部分的实时插补运算,同时通过 8155 和 8255 控制机床所有开关量的输出;从 CPU1 通过 4 片 8279 控制键盘,通过过渡板控制 SED1335 控制器和液晶显示器;从 CPU2 担任 3 个滑块位控单元的控制,实行进给细分及位控速控,并且完成反馈输入和位移进给的检测输入。

4.4　主 CPU 电路

数控系统主 CPU 的主要硬件结构如图 4-3 所示。

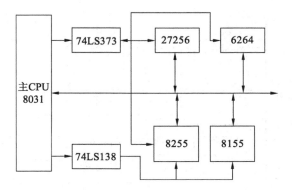

图 4-3　主 CPU 硬件结构图

　　芯片 8155 和 8255 用于扩展并行输出,控制数控系统所有开关量的输出;芯片 74LS373 用于扩展程序存储器 27256 和数据存储器 6264 的地址锁存;74LS138 芯片用于芯片 8155 和 8255 的译码。主 CPU 与从 CPU1 之间采用串行通信,如图 4-4 所示。

　　从 CPU1 的主要硬件结构如图 4-5 所示。

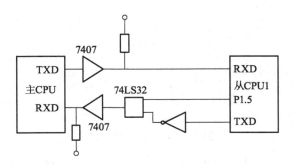

图 4-4　主 CPU 与从 CPU 之间的通信

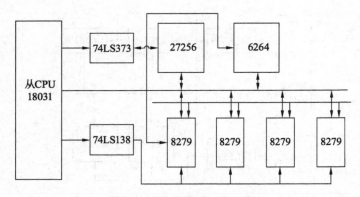

图 4-5　从 CPU1 硬件结构

从 CPU1 通过 4 片 8279 控制键盘,芯片 74LS373 用于扩展程序存储器 27256 和数据存储器 6264 的地址锁存,74LS138 芯片用于 4 片 8279 的译码工作。

从 CPU2 主要硬件结构如图 4-6 所示。

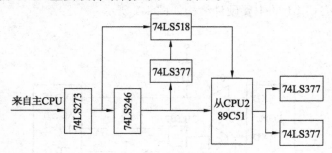

图 4-6　从 CPU2 硬件结构

从 CPU2 使用的是带有 4 K 程序存储器的 89C51 单片机,其通过并行方式接受来自主 CPU 的信号,将上一次接收到的数据锁存在 74LS377 中,通过比较器芯片 74LS518 与本次来自主 CPU 的、存储在 74LS273 中的数据进行比较,经过 89C51 处理后,经过两个芯片 74LS377 送给步进电机。

4.5　液晶显示控制器总体结构

　　液晶显示器控制系统主要由 LCD 显示屏、液晶显示控制器 SED1335、过渡板、电源、背光电源等组成，如图 4-7 所示。

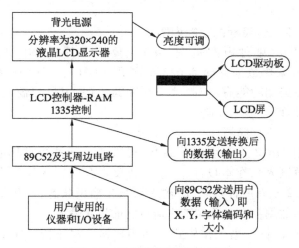

图 4-7　液晶显示器控制系统

　　本系统使用的显示器是分辨率为 320 × 240 的 LMBGA ＿032＿49CK 型液晶显示模块，由液晶显示控制器 SED1335 控制；液晶显示控制器和用户使用的仪器及 I/O 设备之间的通信由过渡板（内含 89C52 及其周边电路）来实现；关于液晶显示模块、液晶显示控制器、过渡板等将会在以后的章节中介绍。过渡板的设计是本章的重点和难点之一。

4.6　过渡板设计

　　设计过渡板的目的是通过对过渡板内 89C52 程序的写入，控制液晶显示控制器 SED1335，在显示屏任意位置上显示字库内的任意汉字。

4.6.1　过渡板的组成及工作过程

过渡板分输入和处理两大部分,输入部分主要由数据比较器来识别新的输入信号,出现不同数据信号时数据比较器发一低电位产生中断请求信号,单片机便在中断服务程序中检测新的输入数据,然后送下面的处理部分,并按 SED1335 的格式送液晶控制器。

4.6.2　过渡板的功能说明

过渡板(硬件电路见图 4-8)主要由单片机 89C52、锁存器74HC373、扩展数据存储器 62256、扩展 ROM – 27512 构成。过渡板主要完成的功能有:控制整个硬件的运行,用户的输入,汉字的提取和处理,送显的控制。

(1)字库存储器。

采用 27512 作为字库存储器(可以通过紫外线对其进行擦除和数据再输入),在本设计中,它主要负责存储二级汉字字库的字模。27512 只有两种状态,即输入状态和输出状态,不包括写入状态,因此,数据信息必须在工作运行之前将其输入。

在本设计中,当工作模式不在用户输入汉字模式下时,89C52的 INT1 管脚不会被置为低电平,此时单片机需要从 27512 中提取汉字,并处理以送显。89C52 的 A14 和 A15 管脚会通过 74HC138来选通 27512,使其$\overline{CE}$为低电平,开启工作。同时,当$\overline{OE}$低电平开启时,D0—D7 数据总线也是根据地址总线 A0—A13 进行读出操作,其中,因为 D0—D7 要负责从 27512 中读出数据信号,因此A8—A13 地址由 89C52 获得,A0—A7 地址由锁存器获得。另外,27512 的 A14 和 A15 管脚因为 89C52 的该两位被用于进行译码选通,故未进行使用,因此 27512 在本设计中也只是作为 32 KEPROM 来使用。

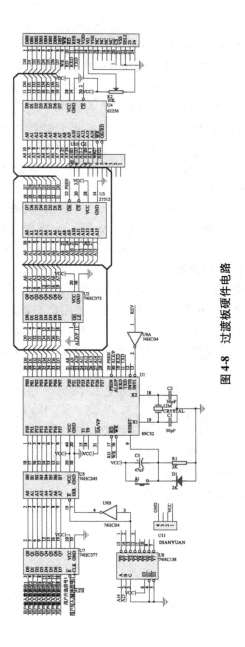

图 4-8　过渡板硬件电路

值得注意的是,在本设计中,控制 89C52 芯片的片选信号引脚是 PSEN,该管脚作为外部 ROM 同步引脚,当 89C52 从内部取指令时,它是不会被激活的。因此,用 PSEN 来控制片外存储器 27512。当工作运行,需要从 27512 中读取汉字字模时,一方面控制选通片选信号$\overline{\text{CE}}$;另一方面 89C52 置 PSEN 为低电平,以此选通$\overline{\text{OE}}$,允许读出数据。字库中的字模从 D0—D7 数据总线传回 89C52,经处理后送显,此过程与单片机从内部取指令不冲突。

图 4-9 为 62256 与 27512 连接单片机 89C52 的电路示意图。

(2) 数据的采集。

74HC377 和 74HC245 这两片芯片主要用来完成对用户输入数据的采集工作,具体线路图如图 4-10 所示。数据采集输入是 8 位并口输入,通过 74HC377 和 74HC245 一直通向 89C52 的 P1 口。

89C52 的 P1 口是准双向口,它的每一位都可以分别定义为输入线或输出线,在这里,我们定义它为用户输入数据口,并协同 89C52 的 INT1,P2.6,P2.7 口来共同控制用户的数据输入模式。

整个控制流程如下:当要转为用户输入显示模式时,用户的下位单片机通过排线向 74HC377 发送数据信号,同时也向 74HC377 发送其片选信号(允许 74HC377 正常工作)及脉冲信号。脉冲信号一方面可以对 74HC377 进行触发工作,另一方面经由 INT1 管脚通知 898C52 进入用户输入显示模式。用户数据信息经由 74HC377 至 74HC245 时,如果 89C52 允许用户数据信息进入单片机,则通过 P2.6 和 P2.7 控制 74HC245,使其/E 为低电平(允许工作),CLK 为高电平。74HC245 的单向方式定义为 A 口通向 B 口。于是,用户数据信息便由此进入单片机 89C52。

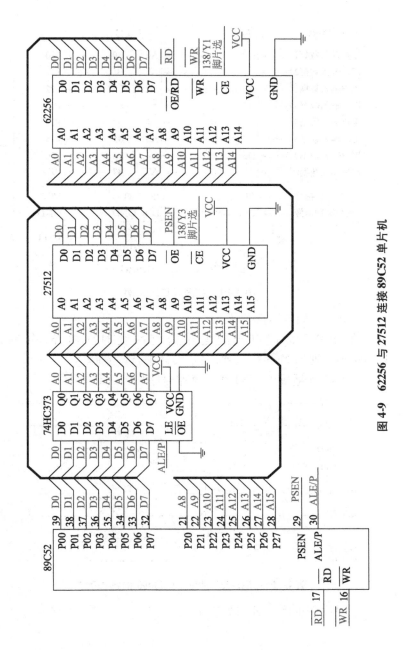

图 4-9　62256 与 27512 连接 89C52 单片机

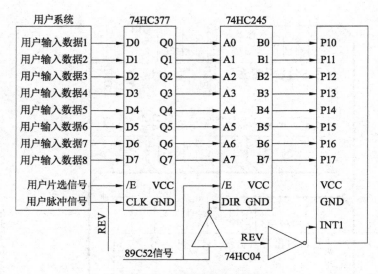

图 4-10　数据采集线路图

4.6.3　硬件时序分析

在 SED1335 接口控制电路内有两套时序电路,分别是 Intel8080 系列和 M6800 系列,在本设计中,选用前者。

SED1335 适配 Intel8080 的操作时序如图 4-11 所示。

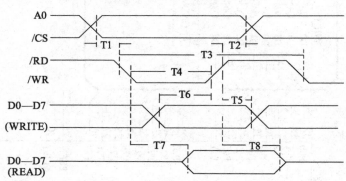

图 4-11　SED1335 适配 Intel8080 的操作时序

该时序图的测试说明见表 4-1。

表 4-1　SED1335 时序图测试说明

测试温度 $T_a = -20 \sim 75\ ℃$，测试条件：晶振负载电容 $C_L = 100$ pF

项目	符号	参数说明	$V_{dd} = 4.5 \sim 5.5$ V		$V_{dd} = 2.7 \sim 4.5$ V		单位
			最小	最大	最小	最大	
$\overline{A0}, \overline{CS}$	T2	地址保持时间	10	–	10	–	ns
	T1	地址建立时间	0	–	0	–	ns
$\overline{WR}, \overline{RD}$	T3	读写周期	550	–	550	–	ns
	T4	读写脉冲宽度	120	–	150	–	ns
D0-D7	T5	写数据保持时间	120	–	120	–	ns
	T6	写数据建立时间	5	–	5	–	ns
	T7	读数据建立时间	–	50	–	80	ns
	T8	读数据保持时间	10	50	10	55	ns

4.7　显示电路

显示部分是本设计的重点部分，无论是从用户输入字模还是从字库提取字模，经 89C52 处理以后，都将最终送至该部分，以完成人机交换。

在本节中，将介绍以下部分：液晶显示模块 LMBGA_032_49CK_、液晶显示芯片 SED1335、液晶对比度负压电路、液晶背光电源。

4.7.1　液晶显示模块 LMBGA_032_49CK_

本节液晶显示模块是内置 SED1335 控制器的液晶显示模块（LCM），由 CCFT 背光、SED1335 控制器、32 K×8RAM、驱动单元、液晶板等部分组成。SED1335 等具有较强功能的 I/O 缓冲器，较强的管理显示存储器的能力（有 160 种内部字符发生器，并能分区管理 64 K 的显示存储器）和闪烁显示、点位移等特性。SED1335 还可以 4 位数据并行发送，最大可驱动 640×256 点阵。

根据数据的性质，显示区具有文本显示特性区和图形显示区。

LMBGA_032_49CK_模块有 320×240 点阵,可以显示各种图形和文本信息。文本显示 RAM 区内各单元的数据都被认为是字符代码,SED1335 使用这些代码确定字符库中的字符首地址,然后将对应的字模数据送到液晶显示的驱动单元中驱动系统显示。图形显示RAM 中的每个字节数被直接送到液晶显示模块上,图形 RAM 的一个字节对应显示屏上的 8×1 点阵。

图 4-12 为该液晶显示模块的框图。在本设计中,根据SED1335 的电路特性,89C52 单片机与 LMBGA_032_49CK_模块的接口电路如图 4-13 所示。由于 LMBGA_032_49CK_模块是根据SED1335 的特性设计的,89C52 的操作时序为 Intel8080 时序,所以SED1335 接口部分选用适配 Intel8080 时序的接口电路。

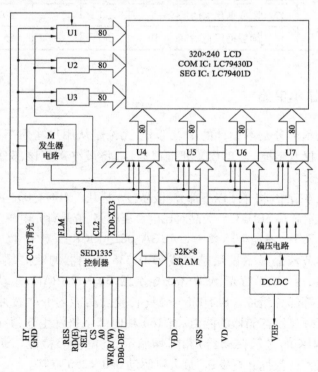

图 4-12　LMBGA_032_49CK_液晶显示模块的框图

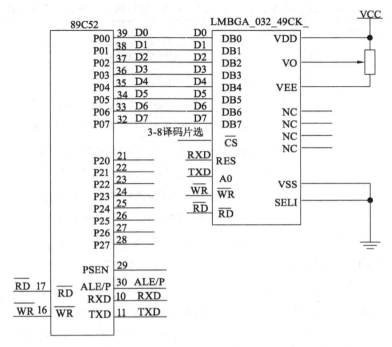

图 4-13　LMBGA_032_49CK_液晶显示模块接 89C52 电路图

从图 4-13 可见,在本设计中,SED1335 的读、写控制信号 RD,WR 分别由 89C52 的读写控制信号 RD,WR 控制。89C52 的 P0 口与 LMBGA_032_49CK_模块的三态数据总线 DB0—DB7 连接。值得注意的是,SED1335 的 A0 信号的定义不是独立的,而是与读信号、写信号组合定义。定义如下:

wc_add　equ　8100h　;write instuction code address

wd_add　equ　8000h　;write parameter and display data address

rd_add　equ　8100h　;read parameter and display data address

rs_add　equ　8000h　;read busy state addresss

表 4-2 为该模块的外部接口引脚信号和功能表。

表 4-2　液晶显示模块 LMBGA_032_49CK_的外部接口引脚信号和功能

引脚序号	信号	功能
1	VSS	逻辑电源地(0 V)
2	VDD	逻辑电源(5 V)
3	VO	对比度调节电压(在 VDD – VEE 间调节)
4	A0	数据信号选择(高电平时,写命令字,读数据) 数据信号选择(低电平时,写数据,读状态字)
5	WR(W/R)	8080 系列,写信号,低电平有效 6800 系列,读写信号,0 为写,1 为读
6	RD(E)	8080 系列,读信号,低电平有效 6800 系列,使能信号,高电平为写,下降沿为读
7 – 14	DB0 – DB7	三态数据总线
15	CS	片选端,低电平有效
16	RES	复位信号,低电平输入实现硬件复位
17	VEE	LCD 驱动电压(–23 V)(由框图中的 DC-DC 提供)
18	SELI	"0"时序适配 8080 系列 MPU, "1"时序适配 6800 系列 MPU
19 – 22	N. C.	悬空脚

4.7.2　对比度负压电路

液晶对比度负压提取液晶可调对比度,这在液晶模块中是内置的,由于本设计中也只涉及一点,因此只给出其工作电路图(见图 4-14),以做参考。

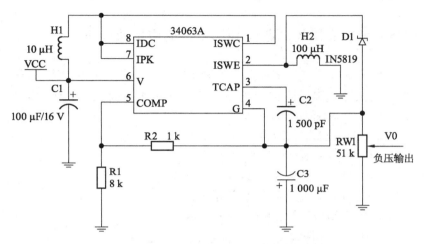

图 4-14　提供液晶对比度负压的电路原理图

4.7.3　背光电路(CCFL)

目前,有源膜晶体管阵列液晶显示器几乎全都采用冷阴极荧光灯(Cold cathode fluorescence lamp,CCFL)作为背光照明的部件。本设计中的液晶模块也是采用这种背光电源。

CCFL 需要在高压(一般 500 V 以上)、交流(一般 40 kHz 左右)电源的驱动下工作,因此通常需要将直流低压电源逆变为高压交流电源。为了达到高亮度显示且又不至于过高的提高 CCFL 功耗的目的,需要从 3 个方面入手:① 充分利用 CCFL 自身的发光特性,使其工作在最佳发光状态;② 提高逆变电路的转换效率,尽可能地使逆变电路的电气参数与所采用的 CCFL 电气特性相匹配;三是降低液晶显示屏(包括液晶盒、彩色滤光片、前后偏振片等)的光能损耗。

该背光电路是一个自激推挽式 DC2AC 升压逆向变换电路,变压器由 3 个绕组构成,其中,推挽管 Q1,Q2 的集电极连接到初级绕组(又可称作集电极绕组),CCFL 两端接次级绕组,Q1,Q2 基极连接到反馈绕组(又可称作基极绕组)。

4.8 系统专用控制芯片 SED1335 的应用及分析

SED1335 是专用液晶显示器驱动芯片。本设计中的程序部分要完全按照 SED1335 内定的编程格式来编写,因此将对 SED1335 进行一个全面和系统的分析。

4.8.1 SED1335 的特点

(1)可适配 8080 系列;

(2)显示缓冲区 32~64 K 字节 RAM;

(3)可驱动大屏幕 LCD 显示屏;

(4)控制板尺寸:58 mm×36 mm。

4.8.2 硬件组成

SED1335 原理框图如图 4-15 所示,其硬件结构可以分成 MPU(微处理器)接口部、内部控制部和驱动 LCM 的驱动部。下面逐一介绍它们各自的功能、特点及所属引脚。

(1)MPU 接口部。

SED1335 接口部具有功能较强的 I/O 缓冲器。其较强功能表现在两个方面:

① MPU 访问 SED1335 无须判定其是否忙,SED1335 可以随时接受 MPU 的访问,并在内部时序下及时地把 MPU 发来的指令、数据传输就位。

② SED1335 在接口部设置了适配 8080 系列和 M6800 系列 MPU 的两种操作时序电路,通过引脚的电平设置,可选择二者之一。

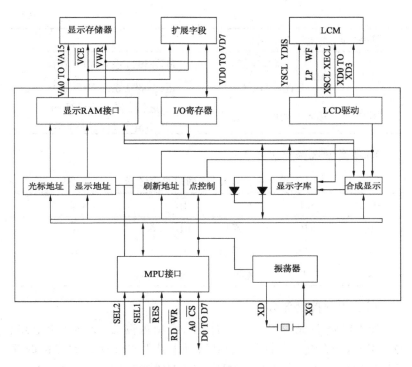

图 4-15　SED1335 的原理框图

SED1335 接口部所属的引脚见表 4-3。

表 4-3　SED1335 接口部所属的引脚

符号	状态	名称	功能
DB0 – DB7	三态	数据总线	可直接挂在 MPU 数据总线上
$\overline{CS}$	输入	片选信号	当 MPU 访问 SED1335 时,将其置为低电平
A0	输入	I/O 缓冲器选择信号	A0 = 1 写指令代码和读数据 A0 = 0 写数据,参数和读忙标志
$\overline{RD}$	输入	读操作信号	适配 8080 系列 MPU 接口
		使能信号	适配 6800 系列 MPU 接口

符号	状态	名称	功能
$\overline{\text{WR}}$	输入	写操作信号	适配 8080 系列 MPU 接口
		读、写选择信号	适配 6800 系列 MPU 接口
$\overline{\text{RES}}$	输入	硬件复位信号	当重新启动 SED1335 时 需用指令 SYSTEM SET

时序类型选择见表4-4。

表 4-4　SED1335 时序类型选择

SEL1	SEL2	方式	$\overline{\text{RD}}$	$\overline{\text{WR}}$
0	0	8080 系列	$\overline{\text{RD}}$	$\overline{\text{WR}}$
1	0	6800 系列	E	R/W
×	1	无效	×	×

（2）内部控制部分。

SED1335 控制部是 1335 的核心，它由振荡器、功能逻辑电路、显示 RAM 管理电路、字符库及其管理电路及产生驱动时序的时序发生器组成。振荡器可在 1 MHz ~ 10 MHz 范围内选择。SED1335 能在很高的工作频率下迅速地解译 MPU 发来的指令代码，将参数置入相应的寄存器内，并触发相应的逻辑功能电路运行。控制部可以管理 64 K 显示 RAM，管理内藏的字符发生器及外扩的字符发生器 CGRAM 或 EXCGRAM。

SED1335 将 64 K 显示 RAM 分成以下几种显示特区。

① 文本显示特性区。

具有该特性的显示 RAM 区专用于文本方式显示。在该显示 RAM 区中，每个字节的数据都认为是字符代码。SED1335 将使用该字符代码确定字符库中字符首地址，然后将相应的字模数据传送到液晶显示模块上，并在液晶屏上出现该字符的 8 × 8 点阵块。也就是说，文本显示 RAM 的一个字节对应显示屏上大的 8 × 8 点阵。

② 图形显示特性区。

具有此特性的 RAM 区专用于图形方式显示。在该显示 RAM 区中,每个字节的数据直接被送到液晶显示模块上,每个位的电平状态决定显示屏上一个点的显示状态,"1"为显示,"0"为不显示。所以,图形显示 RAM 的一个字节对应显示屏上的 8×1 点阵。

SED1335 中有一组寄存器专门来管理这两种特性的显示,SED1335 可以单独显示一个显示特性区,也可以把两个特性的显示区通过某种逻辑关系合成显示。这些显示方式及特征的设置都是通过软件指令设置来实现的。

③ 字符发生器。

SED1335 管理着内藏字符发生器 CGROM,在此字符发生器内固化了 160 种 5×7 点阵字符的字模。SED1335 还能外扩字符发生器,这种外扩字符发生器有用 RAM 区开辟的 CGRAM,也可用 EPRAM 固化字库来取代 SED1335 内部字符发生器。由于 SED1335 仅能处理 8 位字符代码,所以一次最多只能显示及建立 256 种字符。外扩字符发生器的字符代码范围是 80H ~ 9FH 和 E0H ~ FFH,共 64 种。

控制部所属的引脚见表 4-5。

表 4-5　SED1335 控制部所属的引脚

符号	状态	名称	说明
XG,XD		内部振荡器的输入和输出	接 1 MHz ~ 10 MHz 的晶振
VA0 – VA15	输出	管理显示 RAM 的地址总线	
VD0 – VD7	三态	显示 RAM 的数据总线	
VR/W	输出	显示 RAM 的读、写操作信号	0 为写显存,1 为读显存
VCE	输出	显示 RAM 的片选信号	低电平有效
TEST1,2,#		测试端	
VDD		逻辑电源 + 5 V	
VSS		逻辑电源 GND	

（3）驱动部。

SED1335 驱动部具有各显示区的合成显示能力、传输数据的组织功能及产生液晶显示模块所需要的时序。SED1335 向液晶显示模块传输数据的方式为 4 位并行方式。

驱动部所属引脚功能见表 4-6。

表 4-6　SED1335 驱动部所属的引脚

符号	状态	名称	说明
XD0 – XD3	输出	列驱动器数据线	
XSCL	输出	列驱动器的位移时钟信号	等效 CP 信号
XECL	输出	列驱动器使能信号	
LP	输出	数据锁存信号	等效 LP 信号
WF	输出	交流驱动波形	等效 M 信号
YSCL	输出	行驱动器的位移脉冲信号	
YD	输出	帧信号	等效 FLM 信号
YDIS	输出	液晶显示驱动电源关信号	YDIS = 0 为关显示

4.8.3　指令系统

SED1335 有 13 条指令，多数指令带有参数，参数值由用户根据所控制的液晶显示模块的特征和显示的需要来设置。

（1）SYSTEM SET 40H。

该指令是 SED1335 软件初始化指令，MPU 在操作 SED1335 及其控制的液晶显示模块时，必须首先要写入这条指令，如果该指令的设置出现错误，则显示必定不正常。该指令带有 8 个参数，使用时见产品说明书。

（2）SLEEP IN 53H。

该指令用于设置空闲状态。SED1335 在空闲状态下时，关闭显示驱动电源及其信号，保存所有状态码，保护显示 RAM 区，处于低功耗休眠状态，仅在 SYSTEM SET 指令参数 P1 写入后，SED1335 才重新启动并正常工作。

（3）DISP ON/OFF 59H/58H。

该指令设置显示的各种状态,有显示开关的设置、光标显示状态的设置和各显示区显示状态的设置。

ON/OFF 表示显示开关位。ON/OFF =0 为关显示;ON/OFF =1 为开显示。

该指令带有以下 1 个参数:

FP5	FP4	FP3	FP2	FP1	FP0	FC1	FC0

（4）SCROLL 44H。

该指令设置显示 RAM 区中各显示区的起始地址及所占有的显示行数,它与 SYSTEM SET 中 AP 参数结合,可确定显示区所占有的字节数。该指令带有 10 个参数。

① 以下 3 个参数确定第一显示区的首地址 SAD1 及其占有显示屏上的点行数 SL1,SL1 取值为 00H ~（L/F）H。

P1	SAD1L
P2	SAD1H
P3	SL1

② 以下 3 个参数确定第二显示区的首地址 SAD2 及其占有显示屏上的点行数 SL2。

P4	SAD2L
P5	SAD2H
P6	SL2

③ P7,P8,P9 和 P10 分别确定第三显示区和第四显示区的起始地址 SAD3 和 SAD4。

P7	SAD3L
P8	SAD3H
P9	ASAD4L
P10	SAD4H

（5）CSRFORM 5DH。

该指令设置光标的显示方式及其形状,有以下 2 个参数:

P1	0	0	0	0	0	CRX
P2	CM	0	0	0		CRY

CRX:光标的水平点列数,在 0～7H 范围内取值;

CRY:光标的垂直点列数,在 1～FH 范围内取值;

CM:设置光标显示方式。

（6）CSRDIR　4CH/4DH/4EH/4FH。

该指令规定光标地址指针自动移动的方向。

4CH:右移;

4DH:左移;

4EH:上移;

4FH:下移。

SED1335 所控制的光标地址指针实际也是当前显示 RAM 的地址指针。SED1335 在执行完读、写数据操作后,将自动修改光标地址指针。这种修改有 4 个方向,这是其他液晶显示控制器所没有的。

（7）OYLAY　5BH。

该指令规定了画面重叠显示的合成方式及显示一、三区的显示属性,带有以下 1 个参数:

P1	0	0	0	OV	DM2	DM1	MX1	MX0

DM1:显示一区(SAD1)的属性。DM1 = 0,文本方式;DM1 = 1,图形。

DM2：显示三区（SAD3）的属性。DM2 = 0，文本方式；DM2 = 1，图形。

OV：合成方式。OV = 0，二重合成；OV = 1，三重合成。

表 4-7 表示 MX1 和 MX2 的关系。

表 4-7　MX1 和 MX2 的关系

MX1	MX0	功能
0	0	或逻辑
0	1	异或逻辑
1	0	与逻辑
1	1	优先迭加

（8）CGRAMADR　5CH。

该指令设置了 CGRAM 的起始地址 SAG，带有以下 2 个参数：

P1	SAGL
P2	SAGH

（9）HDOT SET　5AH。

该指令设置以点为单位的显示画面水平移动量，相当于一个字节内的卷动（SCROLL），带有以下 1 个参数：

P1	0	0	0	0	0	D

其中，D = 0 ~ 7H。当 D 由 0H 有规律地递增至 7H 时，显示左移；当 D 由 7H 有规律地递减至 0H 时，显示右移。

（10）CSRW　46H。

该指令设置光标地址 CSR。CSR 地址有 2 个功能：一是作为显示屏上光标显示当前位置；二是作为显示缓冲区的当前地址指针。该指令带有以下 2 个参数：

P1	CSRL
P1	CSRH

（11）CSRR　47H。

该指令用于读出当前的光标地址值。在指令写入后，MPU 使用 2 次读数据操作，就可以把 CSRL 和 CSRH 依次读出。

（12）MWRITE　42H。

该指令允许 MPU 连续地把显示数据写入显示区内，在使用指令之前，要首先设置好光标地址和光标移动方向的参数。

（13）MREAD　43H。

该指令输入后，SED1335 将光标地址所确定的单元内的数据送至数据输出缓冲器内供 CPU 读取。同时，光标地址根据光标移动方向参数自动修改，读功能将在下一条指令代码写入时中止。

4.8.4　SED1335 与单片机的连接

（1）接口方式。

计算机与 SED1335 的接口方式有两种：直接访问方式和间接控制方式。

① 直接访问方式。

在直接访问方式下，SED1335 的片选信号端$\overline{CS}$通过 3 − 8 线译码器的$\overline{Y0}$口，由 89C52 的 P26 和 P27 控制（A14 和 A15）；SED1335 的寄存器选择信号 A0 直接与 89C52 的 TXD 管脚相连；SED1335 的读写控制信号$\overline{RD}$, $\overline{WR}$分别由 89C52 的读操作信号$\overline{RD}$和写操作信号$\overline{WR}$控制。液晶驱动电源 VDD 接 + 5 V 电源，VEE 通过一个 10 kΩ 电位器与电源相连，其中 VO 作为对比度调节电源，接电位器可调部分。

由于 SED1335 在计算机访问时是不必判其接口状态的，所以在使用时一般不需要调用驱动子程序，而是直接用指令写入，这样编制的程序并不冗余。

计算机访问 SED1335 时，写指令和数据操作流程如图 4-16 所示。读光标地址和显示数据操作流程图如图 4-17 所示。

图 4-16　写指令和数据操作流程图

图 4-17　读光标地址和显示数据操作流程图

② 间接控制方式。

在间接控制方式下,SED1335 与计算机系统的并行接口连接,计算机通过对这些接口的操作间接的实现对 SED1335 的控制。

（2）片外扩展 RAM。

由于 89C52 单片机的数据存储器 RAM 仅有 256 个字节,为了应用上的需求,需要扩展 RAM。与动态 RAM 相比,静态 RAM 无须考虑为保持数据而设置的刷新电路,扩展电路比较简单。

4.9　开放式数控系统

4.9.1　开放式数控系统概述

企业生产、加工各种产品就是为了满足市场需求,在竞争中要求制造商具有非常强的市场适应能力。目前大批量生产、功能单一的数控系统已经无法满足要求,终将被淘汰,市场寻求的是具备小批量生产、良好柔性和多功能特点的数控系统。在这一客观发展要求的前提下,提出了开放式数控系统的概念。开放式数控系统是一种可让用户自由配置软、硬件的开放式系统。所谓开放式,从字面意思可知,它是规模可扩展的系统,可将系统应用到其他数控系统平台上。开放式数控系统的提出,在很大程度上解决了用户需求和系统功能之间的矛盾,为建立一个统一的系统平台提供了理论依据,使数控系统的发展向前迈了一大步,使其广泛应用成为可能。

　　开放式数控并联机床与传统数控机床最主要的区别是编制数控代码。开放式数控并联机床的动平台的运动是空间各个关节综合作用的结果,而传统数控机床朝各个方向的运动都是由固定的代码决定的。例如,要使动平台朝 X 方向运动,开放式数控机床需要不断进行从笛卡尔空间到关节空间的坐标转换,其代码是要调动每一个驱动电机驱动各个关节运动,最后形成的综合运动使动平台朝 X 方向运动;而传统数控机床则只要调动控制 X 方向的电机驱动即可,其他方向亦是如此。这样,就产生了一个问题:若想实现特定加工路径或者想避开机床刚度不好的加工方向,运用开放式数控系统可自行规划路径,设计自己想要其运动的方向,而传统数控机床则不可能实现这一点,即所谓的开放性不足,造成了应用和推广的局限性。

　　迄今为止,并联机床开放式数控系统经历过 3 个阶段:第一阶段是针对某功能,专门设计一个模块,再以传统非开放式 CNC 为基础,插入设计的模块,即可实现该功能,相当于传统的专用"CNC + 计算机"的组合。这种系统虽然已经能看到开放性的雏形,但是它仍然以传统数控系统为依托,其核心是封闭的,用户无法涉及,开放性极其有限。第二阶段是"PC + NC 控制卡",相比于第一阶段,最大的进步是系统的核不再是传统 CNC,而是用 PC 机作为替代品,这样做的好处是直接将控制卡插入即可方便、快捷的完成很多任务功能;而且在任务方面也有具体的分工,一般 PC 机处理各种要求不高的非实时任务,而控制卡则处理实时性要求较高的实时任务。这种模式已经具有很强的运动控制和 PLC 控制能力,但仍有很大的缺陷,例如 PC 部分只能提供一定意义上的开放等。第三阶段是软件型的开放式数控系统,这种开放式数控系统能实现真正意义上的开放,相比于前两个阶段的开放式数控系统,这类开放式数控系统实现了软件在 CNC 上的应用,具有人性化的人机界面,并且可与网络相连。借助于 PC 机,用户可深入其核心部位,然后根据自己的需要进行二次开发,来满足不同加工需求,从而能更好地适应未来的发展。这类开放式数控系统是未来的发展方向,能做到想要什么功能就开发什么功能;且这种系统由 PC 扩展而成,除了其本身的强大功能外,还设置了外部接口,可以方便地进行功能扩展。

4.9.2　开放式数控系统研究现状

国内外对开放式数控系统的研究,典型的代表是美国、欧洲和日本 3 个计划的提出。

(1) 美国 OMAC(Open Modular Architecture Controllers)计划。

该计划的出发点是控制系统研发的成本和维护费用,提供软、硬件模块和高效控制器,将研究成果和最新技术应用到数控系统中,在更新换代方面做得更好,紧跟技术的发展不至于被淘汰,并能够获得长久持续的生存。

(2) 欧洲 OSACA(Open System Architecture Controls with Automation System)计划。

该计划提出的目的可分为 3 个阶段:第一、二阶段主要是制定 OSACA 规范和应用指南,并且依照 OSACA 规范和应用指南开发通用软件模块和系统平台。目前,这两个阶段的目标已经达到。第三阶段的主要目标是推广该平台,以期获得更广泛的应用,同时积极与日本、美国等发达国家合作,建立国际性控制器标准。

(3) 日本 OSEC(Open System Enviroment for Controller)计划。

该计划是由日本东芝、丰田和 Mazak 几家大型机床公司,还有 IBM、三菱 SML 联合提出的,旨在建立国际性工厂自动化(FA)控制标准。

3 个计划各有目标与任务,但是也有共同点,即希望能开创一个全面开放的控制系统局面,届时,全世界通用一个控制协议,像互联网一样实现资源共享。这 3 个计划基本上代表了国外开放式数控系统的发展现状。

当前,国内对于开放式数控系统的研究还比较局限,其中有两种新型开放式数控系统比较有代表性:一种是基于软件型,另一种是基于现场总线型。

① 基于软件芯片型:这种代表性结构是通过分模块设计系统

功能,用户需要什么功能就设计什么模块,然后对所有模块统一进行管理,这样在组装数控系统或者进行二次开发时,可按照要求在芯片库中检索所需功能模块进行集成。但是这种类型系统有其局限性,受限于芯片,因此只能不断重复简单程序源代码,如果要移植就需要非常苛刻的条件。

② 基于现场总线型:这种代表性数控系统有一个非常明显的特点,即可以将大量并行信号转化为串行信号;如果使用用双绞线或光缆,它可以同时控制上百台设备进行实时信号传递。其原理是根据伺服系统和 PLC 模块的不同地址,借助计算机中 Softsercans 卡实现计算机和数字伺服系统之间的实时数据通信。但是这种类型的数控系统也有缺陷,因其具有 3 万多个默认参数,在布置现场总线时价格昂贵,从而限制了它的发展。

4.9.3 开放式数控系统关键技术

随着开放式数控系统概念的提出,国内外学者不断对其进行研究,探索更先进的控制算法和更简单易行的操作方法,以期应用于先进制造装备上,提高机械制造质量和效率。综观这些研究,主要集中在以下 3 个方面:

① 插补算法的研究。包括平面直线和圆弧插补、空间直线和圆弧插补等传统插补算法,也有新型的插补算法,如样条曲线插补等。

② 动平台路径规划的研究。路径规划是指末端执行器(动平台)从起始位置运动到终点位置,对其运动过程进行优化的过程,包括位置状态下的速度规划及速度状态下的位置规划,无论是哪种规划,其目的都是期望得到一条平稳光滑的轨迹,使加工过程动平台的运动柔性好、无冲击,这样加工出来的零件表面质量才好,精度才高。

③ 轨迹规划的研究。轨迹规划研究的是末端执行器(动平台)对于一条预期轨迹,其驱动关节各支链的运动存在多解性,而要从这么多个解中根据规划准则找出最优解的问题,也叫关节空间的轨迹规划。

4.10　本章小结

　　本章主要介绍专用控制器硬件电路的原理设计。对本设计中所采用的多 CPU 结构的各个部分进行了介绍。其中,CPU1 通过过渡板连接液晶显示器部分作为本设计中的重点和难点,介绍得比较详细。此外,还介绍了开放式数控系统的概念、研究现状和关键技术。

第5章 控制器监控程序设计

软件设计是控制系统中的重要内容,本系统的软件设计分上位机和下位机两个方面。上位机的设计相对下位机的程序设计要简单,只需要将运动轨迹以指令的形式通过通信口传递给下位机即可;下位机的控制器监控程序是下位机的核心部分,是开发并联机床专用计算机数控的关键部分。作为控制器软件的主要工作,对本系统控制器的主要监控程序的设计将在本章进行重点介绍。其中弧度分割法作为本研究的创新点,将给出监控程序的主要结构。而液晶显示部分是设计的重点,对其也将做重点的分析。

5.1 主 CPU 主程序结构

这里的主程序主要针对下位机控制核心而言,通常在接收到上位机指令及各坐标移动后,或在执行数控装置内部程序时,下位机便开始按相应的参数去控制并联机床各滑块的精确移动。主程序的流程框图如图 5-1 所示。

程序读指令是指读用户程序存储区中的加工程序。

由于本系统中创新点之一的弧度分割法在主 CPU 的监控程序中具体应用,所以将主 CPU 的监控程序中顺圆插补程序做具体介绍。下面的程序是其主要程序结构,限于篇幅,略去此程序中的部分实际操作(如中间运行结果)。

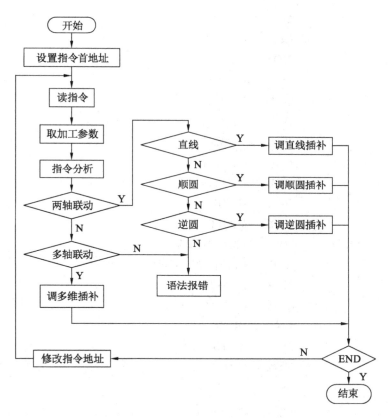

图 5-1　主 CPU 主程序的流程框图

具体程序如下：

```
G02：      SETB   68H
RA2：      LCALL  SETXYZ
           JB     4AH,RXZA2
           JNB    4BH,RXZA2F
           LJMP   RXYA2
RXZA2F：   JNB    4CH,RXZA2E
LJMP       RYZA2
RXZA2E：   LJMP   M00115
```

```
RXZA2:    MOV    C,68H
          CPL    C
          MOV    68H,C
          MOV    C,09H
          ORL    C, 0AH
          ORL    C, 0CH
          ORL    C, 0DH
          ORL    C, 0FH
          ORL    C, 11H
          JC     RA2B
          LJMP   M00115
RA2B:     JB     1FH, RA2A
          MOV    DPTR, #8144H
          MOV    A, #00H
          MOVX   @ DPTR, A
          INC    DPTR
          MOV    A, #0C3H
          MOVX   @ DPTR, A
          INC    DPTR
          MOV    A, #50H
          MOVX   @ DPTR, A
RA2A:     MOV    A,2DH
          ANL    A,#01H
          MOV    2DH,A
          SETB   50H
          LCALL  TG
          JB     5AH,RA2A1
          MOV    A, 4AH
          CLR    C
          SUBB   A, #0ECH
```

```
                MOV    A, 49H
                SUBB   A, #0FCH
                JC     RA2A1
                MOV    49H, #0FCH
                MOV    4AH, #0ECH
RA2A1:          LCALL DIRECTO
                JB     0BH, RB0_
                MOV C, 09H
                ORL C, 0CH
                JNC    RB0_
                MOV C, 0AH
                ORL C, 0DH
                JC     RA5
RB0_:           MOV 5DH, #13H
                MOV 5EH, #01H
                LJMP QB2
RA5:            JNB    0FH, RB0_
                MOV DPTR, #8138H
                MOV R0, #2FH
                LCALL GA1
                LCALL GA7
                ……                    ;速度定时器参数
                JNZ    RA5A
                LJMP   RB0_
                ……                    ;N 值确定
RA155:          SETB   45H
                LCALL GU3C
                MOV    TMOD, #10H
                LCALL CIRCI
                LCALL CIRCOX
```

```
              MOV    TL1, 1FH
              MOV    TH1, 1EH
              SETB   EA
              SETB   ET1
              SETB   TR1
RA15:         JNB    P1. 7, RA15A
              MOV    DPTR,#3102H
              MOVX   A,@ DPTR
              JNB    ACC. 1,RA15A
              JNB    ACC. 2,RA15A
              JBC    70H, RA15B
              JBC    71H, RA15B
              JBC    72H, RA15C
              SJMP   RA15
RA15A:        MOV    IE,#84H
              CLR    TR1
              CLR    ET1
              CLR    45H
              LCALL GU3D
              LCALL GF9
              ……                        ;F_{ij}计算
              JNZ    RB25
RB24F:        LCALL GD31
              LJMP   M00115
RB24:         MOV    R0, #31H
              LCALL GD30
              JNC    RB26
              JB   17H,RB24F
              MOV    A, 21H
              ANL    A, #11H
```

```
          ORL     A, #11H
          MOV     21H, A
RB24A:    MOV     DPTR, #812FH
          MOV     R0, #2FH
          MOV     R7, #06H
          LCALL   GA4
          LCALL   GD31
          LJMP    G01
RB25:     MOV     R0, #34H
          LCALL   GD30
          JNC     RB26
          JB      17H, RB24F
          MOV     A, 21H
          ANL     A, #21H
          ORL     A, #21H
          MOV     21H, A
          SJMP    RB24A
RB26:     MOV     5DH, #15H
          MOV     5EH, #01H
          LJMP    QB2
RB1 __:   PUSH    ACC
          CLR TR1
          PUSH    DPL
          PUSH    DPH
          CLR     TR1
          JNB     4BH, RB1_FF
          LJMP    RXYB1_
RB1 __FF: JNB     4CH, RB1_EE
          LJMP    RYZB1_
RB1 __EE: JNB     5AH, RB1_00
```

```
            INC1EH
            MOV    A,1EH
            JNZRB1_01
            MOV     1EH,1FH
            SJMP   RB1_00
RB1_01:     SETB   TR1
            POP    DPH
            POP    DPL
            POP    ACC
            RETI
RB1__00:    MOV    TL1,4AH
            MOV    TH1,49H
            SETB   TR1
            CLR    67H
            MOV    A,08H
            ORL    A,09H
            ORL    A,0AH
            ORL    A,47H
            ORL    A,48H
            JZ RB7
            MOV    A,08H
            RLC    A
            JB 6DH,RB2
            JC RB3
            SJMP   RB7
RB2:        JC     RB7
RB3:        LCALL GD34XZ
            CLR    C
            MOV    A,0FH
            SUBB   A,46H
```

```
            MOV    A,0EH
            SUBB   A,45H
            MOV    A,0DH
            SUBB   A,44H
            MOV    A,0CH
            SUBB   A,43H
            JNC    RB4
RB3A：      SETB   67H
RB3A0：     JB     6EH, RB3A1
            LCALL  OUTX1
            SJMP   RB3A2
RB3A1：     LCALL  OUTX0
RB3A2：     JB     6FH, RB3A3
            LCALL  OUTZ1
            SJMP   RB3A4
            ……                        ;输出
            LCALL  OUTX1
            SJMP   RB6
RB5：       LCALL  OUTX0
RB6：       LCALL  GD26XZ
            SJMP   RB12
RB7：       LCALL  GD34XZ
            CLR    C
            MOV    A,46H
            SUBB   A,0FH
            MOV    A,45H
            SUBB   A,0EH
            MOV    A,44H
            SUBB   A,0DH
            MOV    A,43H
```

```
              SUBB   A,0CH
              JC     RB3A0
              SETB   67H
              JB     6FH, RB10
              LCALL  OUTZ1
              SJMP   RB11
RB10:         LCALL  OUTZ0
RB11:         LCALL  GD25XZ
RB12:         JB     69H, RB14
              JB     6BH, RB19
RB13:         JB     6AH, RB15
              JB     6CH, RB19
              SJMP   RB16
RB14:         JNB    6BH, RB19
              SJMP   RB13
RB15:         JNB    6CH, RB19
RB16:         JB     67H, RB16A
              MOV    R1, #12H
              MOV    R0, #19H
              LCALL  GD4
              JNZ RB19
RB16B:        SETB   72H
              LCALL  GU3D
              MOV    IE,#84H
              CLR    ET1
              CLR    TR1
              SJMP   RB19B
RB16A:        MOV    R1, #15H
              MOV    R0, #1DH
              LCALL  GD4
```

	JZ	RB16B
RB19：	MOV	A，17H
	ORL	A，18H
	ORL	A，19H
	JNZ	RB21
	SETB	71H
	CPL	69H
	CPL	6FH
RB19A：	LCALL	GD11
	MOV	IE，#84H
	CLR	ET1
	CLR	TR1
	LCALL	GU3D
RB19B：	POP	DPH
	POP	DPL
	POP	ACC
	RETI	
RB21：	MOV	A，1BH
	ORL	A，1CH
	ORL	A，1DH
	JNZRB19B	
	SETB	70H
	CPL	6AH
	CPL	6EH
	SJMP	RB19A

5.2　通信程序

通信程序是指上位机与下位机之间的通信,其主要任务是:
① 上位机与下位机之间的加工程序(数据)的传送;

② 上位机与下位机之间采用 DNC 直接数字控制。

通信口采用较为广泛的 RS232 串口通信,其通信功能相当成熟,本节只是应用相应的通信程序,故不进行详细介绍。在通信协议中,一是要确定存储的首地址,二是要明确指令代码以文本的 ASCⅡ形式存放;数据参数以二进制带定点小数形式存放的 ASCⅡ形式存放,而不是用一些特殊的内码,这样大大地增强了通用性。

与数控系统监控程序相比,读加工程序中的每条指令相当于读存放在用户程序存储区中的数据。加工程序有两种来源,一是数控机床直接输入,二是经过通信口内上位机传送,作为程序来处理的,都是预先安放好的一段程序。

当进入直接数字控制模式时,上位机与数控系统均处于实时通信状态,上位机每向下位机传一条指令,下位机就执行一条指令,此时用户程序存储区中的加工程序是由上位机逐条传入的。作为下位机,同样是读指令、取加工参数。

图 5-2 是上位机运行界面,有两种操作方式可供选择:手动和自动。手动方式可直接在键盘上设定下一个位置坐标,而自动方式则是按事先编好的程序运行。

图 5-2　上位机运行界面

5.3 从 CPU2 的输出软件的设计

输出软件的主要任务是输出脉冲当量及反馈输入处理。

输出中针对不同对象固化相应的输出程序,以三相六拍步进电机为例,程序流程图如图 5-3 所示。

在每个单自由度输出时,从模块化的要求出发,可以用一个程序通过更改参数来实现各个坐标的插补,这就使每走一步要更换 4 个参数,相应地需要 4 个机器周期,并且调用和返回又需要占用 4 个机器周期。因此,对于一个插补周期,其总时间往往在 20 个机器周期以上,走一步会浪费 8 个机器周期,这样显然不合理,故在设计时,该模块不用子程序,而是对于 n 个坐标用 n 个输出程序,虽然增加了程序长度,但执行时间可以大大减少。

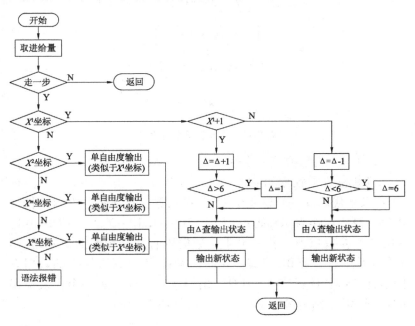

图 5-3 输出程序流程图

5.4 显示程序设计

5.4.1 显示主程序

显示主程序流程图如图 5-4 所示,它充分体现了程序模块化的特点,使用灵活、方便可靠,出现问题时,不必全部检查,只需逐一调试子程序。当需要改善程序时,也只需修改子程序。

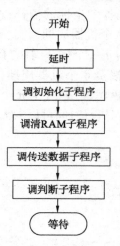

图 5-4 显示主程序流程图

5.4.2 判断参数子程序

判断参数子程序可以根据倍率(BL)、X 坐标(XL)、Y 坐标(Y)、汉字代码(COD)这 4 个参数,在任意位置显示字库内的任意汉字。高 2 位作为识别码:00 – BL,01 – XL,10 – Y,11 – COD,其他 6 位作为参数数值。若一组 4 个数据中有几个相同的识别码,即 4 个参数中有 2 个 BL 或其他相同的参数,那么代表输入的数据有问题,应转到出错程序"ERRO",出错子程序就显示一个代表错误的字符"M"。判断参数子程序流程图如图 5-5 所示。

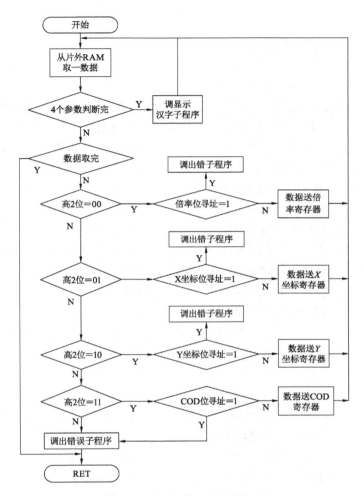

图 5-5 判断参数子程序流程图

判断参数子程序的缺点之一就是坐标位置受到了很大的限制,范围大大减小了,可考虑用 4 个字节数据作为 1 个参数。

5.5 部分监控程序

5.5.1 初始化子程序

初始化子程序的作用是根据液晶显示器的结构对液晶模块进行设置,尤其是 SYSTEM SET 和 SCROLL 必须设置正确。在子程序后面给出了一些型号的液晶显示模块的初始化参数,以 DMF － 50081/50174/MGLS320240A/B 为例,初始化子程序如下:

```
INTR：  MOV    DPTR,#WC＿ADD    ;设置写指令代码地址
        MOV    A,#40H           ;SYSTEM SET 代码
        MOVX   @DPTR,A          ;写入指令代码
        MOV    COUNT1,#00H      ;设置计数器 COUNT1 =0
INTR1： MOV    DPTR,#SYSTAB     ;设置指令参数表地址
        MOV    A,COUNT1         ;取参数
        MOVC   A,@A＋DPTR
        MOV    DPTR,#WD＿ADD    ;设置写参数及数据地址
        MOVX   @DPTR,A          ;写入参数
        INC    COUNT1           ;计数器加 1
        MOV    A,COUNT1
        CJNE   A,#08H,INTR1     ;循环,P1—P8 参数依次写入
        MOV    DPTR,#WC＿ADD
        MOV    A,#44H           ;SCROLL 代码
        MOVX   @DPTR,A          ;写入指令代码
        MOV    COUNT1,#00H      ;设置计数器 COUNT1 =0
INTR2： MOV    DPTR,#SCRTAB     ;设置指令参数表地址
        MOV    A,COUNT1         ;取参数
        MOVC   A,@A＋DPTR
        MOV    DPTR,#WD＿ADD    ;设置写参数及数据地址
        MOVX   @DPTR,A          ;写入参数
        INC    COUNT1           ;计数器加 1
```

```
MOV       A, COUNT1
CJNE      A, #0AH, INTR2        ;循环,P1—P10 参数依次写入
MOV       DPTR, #WC_ADD
MOV       A, #5dH               ;CSRFORM 代码
MOVX      @ DPTR, A
MOV       DPTR, #WD_ADD
MOV       A, #02H
MOVX      @ DPTR, A
MOV       A, #83H
MOVX      @ DPTR, A
MOV       DPTR, #WC_ADD
MOV       A, #5AH               ;HDOT SCR 代码
MOVX      @ DPTR, A
MOV       DPTR, #WD_ADD
MOV       A, #00h
MOVX      @ DPTR, A
MOV       DPTR, #WC_ADD
MOV       A, #5BH               ;OVLAY 代码
MOVX      @ DPTR, A
MOV       DPTR, #WD_ADD
MOV       A, #0ch               ;二重或逻辑,一和三区图形
                                 方式
MOVX      @ DPTR, A
LCALL     CLEAR                 ;调清显示 RAM 子程序
MOV       DPTR, #WC_ADD
MOV       A, #59H               ;DISP ON/OFF 代码
MOVX      @ DPTR, A
MOV       DPTR, #WD_ADD
MOV       A, #0ch               ;一区开显示
MOVX      @ DPTR, A
```

RET

;1. DMF – 682A 的 SYSTEM SET 参数

　;SYSTAB:DB 38H,87H,07H,1FH,7CH,7FH,20H,00H

　; SCRTAB: DB 00H, 00H, 40H, 00H, 40H, 40H, 00H, 01H,
　00H,48H

;2. DMF – 50081/50174 的 SYSTEM SET 参数

　SYSTAB:DB 37H, 87H, 0fH, 27H, 30H, 0F0H, 28H, 00H; P1
　– P8

　SCRTAB:DB 00H, 00H, 0F0H, 00H, 40H, 0F0H, 00H, 80H,
　00H,00H;P1 – P10

;3. DMF – 50036 的 SYSTEM SET 参数

　;SYSTAB:DB 30H,87H,07H,4FH,54H,0C8H,50H,00H

　; SCRTAB: DB 00H, 00H, 0C8H, 00H, 40H, 0C8H, 00H, 80H,
　00H,00H

;4. CCSTN12864 的 SYSTEM SET 参数

　;SYSTAB:DB 30H,87H,07H,21H,2cH,40H,20H,00H

　; SCRTAB: DB 00H, 00H, 40H, 00H, 40H, 40H, 00H, 00H,
　00H,00H

;5. CCSTN128128 的 SYSTEM SET 参数

　;SYSTAB:DB 30H,87H,07H,21H,2CH,80H,20H,00H

　; SCRTAB: DB 00H, 00H, 80H, 00H, 40H, 80H, 00H, 80H,
　00H,00H

;6. CCSTN24064 的 SYSTEM SET 参数

　;SYSTAB:DB 30H,87H,07H,3CH,4CH,40H,40H,00H

　; SCRTAB: DB 00H, 00H, 40H, 00H, 40H, 40H, 00H, 00H,
　00H,00H

;7. CCSTN240128 的 SYSTEM SET 参数

　;SYSTAB:DB 30H,87H,07H,3CH,4CH,80H,40H,00H

　; SCRTAB: DB 00H, 00H, 80H, 00H, 40H, 80H, 00H, 00H,
　00H,00H

5.5.2　判断参数子程序

判断参数子程序可以根据倍率(MULTIP)、X 坐标(XL)、Y 坐标(Y)、汉字代码(COD)这 4 个参数在任意位置显示字库内的任意汉字。高 2 位作为识别码:00 - MULTIP,01 - XL,10 - Y,11 - COD,其他 6 位作为参数数值。若一组 4 个数据中有几个相同的识别码,则应转到出错程序"ERRO"。要注意的是,本来 Y 参数的范围可以是 240 点行,但由于现在只有 6 位作为它的赋值,即它的范围现在降低为 63 点行,所以送入的数据经判断为 Y 参数后,将 6 位数值扩大 4 倍再作为真正的显示屏上的 Y 坐标。

```
DETERM: MOV   COUNT0,#02H
        MOV   COUNT1,#04H
        MOV   DPTR,#TEST1
DET1:   MOVX  A,@DPTR        ;取数据
        ANL   A,#0C0H        ;判断高二位
        CJNE  A,#00H,DET2    ;不为倍率则转
        JB    MULTIPB,ERRO   ;已有倍率参数则转
        MOVX  A,@DPTR        ;取原始数据
        ANL   A,#3FH         ;屏蔽高二位
        MOV   MULTIP,A       ;送参数值
        SETB  MULTIPB        ;倍率位寻址置1
        AJMP  DET            ;取下一数据
DET2:   CJNE  A,#40H,DET3    ;不为 X 坐标则转
        JB    XLB,ERRO       ;已有 X 坐标参数则转
        MOVX  A,@DPTR
        ANL   A,#3FH         ;屏蔽高二位
        MOV   XL,A           ;送参数值
        SETB  XLB            ;X 坐标位寻址置1
        AJMP  DET
DET3:   CJNE  A,#80H,DET4    ;不为 Y 坐标则转
        JB    YB,ERRO        ;已有 Y 参数则转
```

```
        MOVX    A,@DPTR
        ANL     A,#3FH
        MOV     B,#04H
        MUL     AB                  ;Y 参数扩大 4 倍
        MOV     Y,A
        SETB    YB
        AJMP    DET
DET4：  JB      CODB,ERRO
        MOVX    A,@DPTR
        ANL     A,#3FH
        MOV     COD,A
        SETB    CODB
DET：   INC     DPTR
        DJNZ    COUNT1,DET1         ;一组 4 个数据判断完否
        CLR     A
        MOV     25H,A               ;位寻址区清零
        PUSH    DPH
        PUSH    DPL
        LCALL   DISPLAY1            ;调显示汉字子程序
        POP     DPL
        POP     DPH
        MOV     COUNT1,#04H
        DJNZ    COUNT0,DET1         ;试验数据判断完否
        RET
                                    ;出错程序
ERRO：  MOV     MULTIP,#03H
        MOV     COD,#00H
        MOV     XL,#10H
        MOV     Y,#50H
        LCALL   DISPLAY1
```

```
        AJMP  $
;传送的试验数据
TEST2:DB 50H,02H,0B0H,0C0H,02H,54H,0B0H,0C1H
```

5.5.3 显示子程序

在图形方式下显示汉字,其汉字库是建立在系统程序区内,由程序逐字节地向图形显示区相应单元写入,以期在显示屏上显示出相应的汉字。这种方法同固定图形块显示一样。

子程序需要的汉字库有 3 个,分别为 CCTAB1,CCTAB2 和 CCTAB3,每个倍率一个字库,根据倍率参数来选择字库的入口地址。汉字代码是根据汉字在库中排列的先后顺序而定义的。使用该程序,可以在图形区任意位置上写入汉字。

图形方式下汉字显示子程序如下:

```
        OXL EQU 34H      ;X 坐标低 8 位寄存器(字节)
        OY EQU 36H       ;Y 坐标寄存器(点行)
        CODE EQU 37H     ;汉字代码
    AP EQU 20H           ;为 SYSTEM SET 指令参数 P7
                         ;以 DMF682 为例
CCTW:  MOV    A,MULTIP
       CJNE   A,#01H,CCT1
       MOV    DPTR,#CCTAB1  ;一倍字库入口地址
CCT:   MOV A,CODE             ;计算汉字字模数据首地址
       MOV    B,#20H          ;一个标准字模有 32 个字节
       MUL    AB
       ADD    A,DPL
       PUSH   ACC             ;入栈 DPL
       MOV A,B
       ADDC   A,DPH
       PUSH   ACC             ;入栈 DPH
       MOV    A,OY            ;计算光标地址(行数)
       MOV    B,#AP           ;一行所占字节数
```

```
           MUL      AB
           ADD      A,OXL
           MOV OXL,A                  ;存光标地址低字节(X 坐标)
           MOV A,B
           ADDC     A,#40H            ;加入显示二区起始地址 SAD2H
           MOV      OY,A              ;存光标地址高字节(Y 坐标)
           MOV      DPTR,#WC_ADD
           MOV      A,#4FH            ;CSRDIR 代码(下移)
           MOVX     @DPTR,A
           MOV      COUNT1,#02H
                                      ;设置计数器 1 =2(先左再右)
CCTW1：MOV      DPTR,#WC_ADD
           MOV      A,#46H            ;CSRW 代码
           MOVX     @DPTR,A
           MOV      DPTR,#WD_ADD
           MOV      A,OXL             ;设置光标地址 CSR
           MOVX     @DPTR,A
           MOV      A,OY
           MOVX     @DPTR,A
           MOV      DPTR,#WC_ADD
           MOV      A,#42H            ;MWRITE 代码
           MOVX     @DPTR,A
           MOV      COUNT2,#10H ;设置计数器 2 =16
CCTW2：POP      DPH
           POP      DPL
           CLR      A
           MOVC     A,@A+DPTR ;取字模数据
           INC      DPTR          ;指针加 1
           PUSH     DPL           ;入栈 DPL
           PUSH     DPH           ;入栈 DPH
```

```
        MOV     DPTR,#WD_ADD
        CPL     A               ;取反(字以暗显示)
        MOVX    @DPTR,A          ;写入数据
        DJNZ    COUNT2,CCTW2     ;循环
        MOV     A,OXL            ;修正光标地址
        ADD     A,#01H
        MOV     OXL,A
        MOV     A,OY
        ADDC    A,#00H
        MOV     OY,A
        DJNZ    COUNT1,CCTW1     ;循环
        POP     ACC              ;修正栈值
        POP     ACC
        RET
;一倍字字库
CCTAB1:
    DB 000H,080H,03FH,080H,009H,001H,00FH,001H      ;苏
    DB 001H,011H,00AH,006H,004H,008H,010H,000H
    DB 000H,010H,0FCH,010H,010H,000H,0F8H,008H
    DB 008H,008H,008H,010H,018H,024H,010H,040H
    DB 000H,040H,030H,013H,080H,060H,020H,000H      ;州
    DB 010H,020H,0E0H,020H,020H,023H,020H,020H
    DB 000H,000H,000H,0FEH,020H,020H,020H,020H
    DB 020H,020H,020H,020H,020H,0FEH,000H,000H
    DB 000H,000H,000H,03FH,000H,000H,001H,002H      ;大
    DB 004H,008H,010H,020H,040H,000H,000H,000H
    DB 080H,080H,080H,0FEH,080H,080H,040H,020H
    DB 010H,008H,004H,002H,001H,000H,000H,000H
    DB 000H,024H,012H,009H,03FH,020H,04FH,000H      ;学
    DB 000H,03FH,000H,000H,000H,002H,001H,000H
```

DB 000H,010H,020H,040H,0FCH,004H,0C8H,040H

DB 080H,0FCH,080H,080H,080H,080H,080H,080H

上面的汉字字模是 1 倍字,16×16 点阵字模,每个字模有 32 个字节,其排列顺序是前 16 字节为汉字左半部分(自上而下),后 16 字节是汉字右半部分(自上而下)。

如果是 2 倍字的字库,则是 32×32 点阵字模,一个字由 128 个字节组成。排列顺序是前 32 个字节为左上角部分(排列顺序与 16×16 点阵字模相同),接着是右上角,然后是左下角和右下角(相当于写 4 个 1 倍字)。3 倍字的字模也是类似的(48×48 点阵)。

为了使显示屏的显示更丰富,还可以改变显示颜色,这就需要用到专门的四色液晶显示模块。它是以 SED1335 为核心,具有 32 K 的显示 RAM 空间;与计算机接口为 INTEL8080 时序接口信号。内置控制器 SED1335 的四色点阵液晶显示模块有:CCSTN-12864-CCFL, CCSTN-128128-CCFL, CCSTN-24064-CCFL, CCSTN-240128-CCFL。由于本节使用的是 MGLS-320240-CCFL 模块,所以不能生成色彩,但为了加深对液晶显示的了解,仍简要介绍一下它的色彩生成方法。色彩生成方法是:一个像素点由两位数据控制,数据排列为顺序排列方式。数据格式为:00B–绿色,01B–紫色,10B–桔红色,11B–黄色。下面是以 8 位(一字节)为单位生成四色数据(两字节)的子程序。由于色彩需要两位数据控制一个像素点,所以在应用时只能使用图形方式。

```
GRAYB EQU 40H ;          色彩设置寄存器
GRAYH EQU 41H ;          色彩生成高位寄存器
GRAYL EQU 42H ;          色彩生成低位寄存器
COUNT EQU 43H ;          计数器
GRAY: MOV GRAYH,#00H;    色彩寄存器清零
MOV GRAYL, #00H
MOV COUNT,#08H
GRAY1: RLC A ;           取一位数据
PUSH ACC ;              存数据
```

```
    MOV A,GRAYB ;                取色彩设置值
    JNC GRAY3
    MOV C,ACC.1 ;                取前景色彩数据
    XCH A,GRAYL;                 生成色彩数据
    RLC A
    XCH A,GRAYL
    XCH A,GRAYH
    RLC A
    XCH A,GRAYH
    GRAY2:POP ACC;               取数据
    DJNZ COUNT,GRAY1 ;           计数器计数,循环
    MOV DPTR,#WD_ADD
    MOV A,GRAYH ;                数据写入显示 RAM
    MOVX @ DPTR,A
```

5.6　本章小结

　　本章介绍了并联数控系统软件设计部分的相关内容。其中,对上位机的程序设计只是做了简单的介绍,而将设计重点部分中的下位机监控程序的设计做了比较较详细的介绍;同时对本研究中所采用的创新点——弧度分割法的实现给出了关键程序,也对本研究中所用的重点芯片 SED1335 和液晶显示部分做了重点的分析。

第6章　并联机床的运动学仿真

对于并联机床,运动学仿真也是非常重要的。因为并联机床动平台的空间运动很难想象,其工作空间又十分复杂,用计算方法求解动平台的位置和姿态及机床的工作空间所获得的数据缺乏直观性,并且并联机床能否实现给定刀具点的轨迹都必须通过运动仿真来实现,所以有必要建立适当的模型并进行仿真,使机床的运动可视化。通过仿真,可以模拟并联机床的加工路线,评价系统的运动特性等。并联机床运动学仿真流程图如图6-1所示。

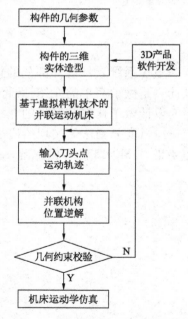

图6-1　并联机床运动学仿真流程图

6.1 并联机床数字化模型的创建

并联机床数字化模型创建的关键是设计一系列能满足性能要求的模块。在商业化 CAD 环境中,各种成熟的图形处理和建模技术的应用使得机械产品的三维实体建模变得较为方便。三平移并联机床由机架模块、运动副(虎克铰)模块、执行模块(分为定长杆和滑块)、动平台模块等机构组成。基于成熟的大型三维 CAD 软件 CAITIA,完成并联机床模块的参数化创建,见表 6-1。

表 6-1 并联机床数字化模块创建

模块名称	数字化模块	备　注
机架模块		主参数是导轨长度 $L = 5\,000$ mm,导轨面是滑块的装配面
左右滑块模块		主参数是斜面的角度 $\alpha = 45°$,$L_y = L_z = 30$ mm
中间滑块模块		同上
定长杆模块		主参数是定长杆的长度 $l = 1\,800$ mm
动平台模块		6 个虎克铰的位置是定长杆的装配基准
虎克铰模块		可绕两条轴线旋转,且两轴线相交于一点;重要参数为绕每条轴线旋转的转角范围

并联机床模块化设计已给出了模块的功能、种类和特征描述,

完整的模块化设计还应包括模块的装配设计。装配顺序规划是描述产品装配过程的一个重要信息,装配顺序的合理与否将直接关系到模块装配时的复杂程度。根据模块的装配基准,以机座模块为基础,通过配合、对齐、插入、定向等操作,首先在机架 B 上安装滑块 S, 然后在滑块 S 上安装虎克铰 H,再连接定长杆 L,并且在定长杆 L 的另一端安装另一个虎克铰链 H,最后安装动平台 M,从而建立并联机床数字化模型,如图 6-2 所示。

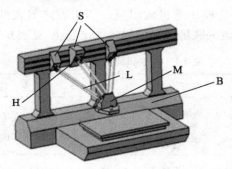

图 6-2 三杆并联机床的数字化装配模型

6.2 运动学逆解仿真分析

当并联机床动平台以一定的形式运动时,其速度和加速度与各滑块的速度和加速度有严格的依赖关系,但从机床结构学的角度来看,并联机床与传统的数控机床的本质区别在于刀具在笛卡尔系中的运动是可控关节伺服运动的非线性映射,即驱动杆端部的位置与动平台位姿之间的对应关系是非线性的,但二者之间的微分关系,即驱动杆驱动速度与动平台的运动速度之间的映射关系则是线性的。从伺服控制的角度来看,并联机床刀具或动平台的运动空间为虚轴空间,而驱动关节空间为实轴空间。因此,在进行运动控制时,必须通过位置逆解模型将事先给定的刀具位姿及速度信息变换为伺服系统各滑块的控制指令,从而驱动并联机床动平台实现刀具的期望运动。

　　若要求出动平台按某运动规律运动时各滑块的运动规律,可在动平台的刀头点施加一个运动激励,然后运用仿真软件 ADAMS 提供的函数生成器定义关于时间的函数来构造该运动激励 3 个方向的运动(3 个移动),使动平台刀头点实现期望运动。如使动平台刀头点实现如图 6-3 所示的封闭曲线的运动轨迹,所测得的 3 个滑块位置随时间变化的曲线如图 6-4 所示,进而对该曲线进行数值求导,获得 3 个滑块的速度、加速度随时间变化的曲线如图 6-5 和 6-6 所示。

图 6-3　加工封闭曲线的运动轨迹

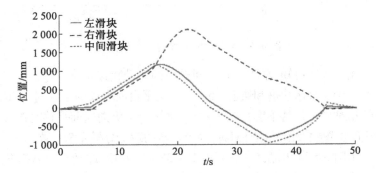

图 6-4　3 个滑块的位置变化曲线

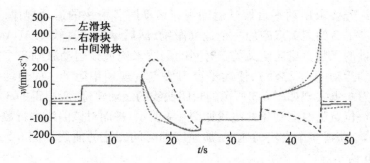

图 6-5　3 个滑块的速度变化曲线

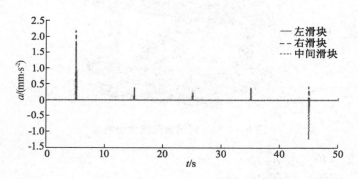

图 6-6　3 个滑块的加速度变化曲线

由图 6-4 可知,左滑块和中间滑块的运动轨迹基本一致。0~5 s 和 45~50 s 表示快进和快退。5~15 s 动平台向右横向平移时,3 个滑块的相对位置保持不变;在 35~45 s 动平台沿纵向向前平移时,左、右滑块的位置曲线沿基准轴对称,与第 2 章的理论分析完全一致。

由图 6-5 可知,在 5~15 s 和 25~35 s 时间段,即动平台做横向左右平移时,3 个滑块的速度相等;在 35~45 s 时间段,左、右滑块的速度关于基准轴对称,曲线变化较平稳,与 3.3.3 节的理论分析完全一致。

由图 6-6 可知,3 个滑头只在曲线拐点处出现加速度,其余时间段均做匀速运动,故运动特性良好,特别适用于激光加工。

图 6-7 至图 6-10 分别给出了并联机床加工标准曲线(cos 曲线)和任意空间曲线的实例。

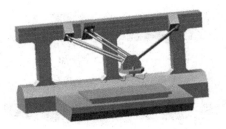

图 6-7　加工标准曲线(cos 曲线)的运动轨迹

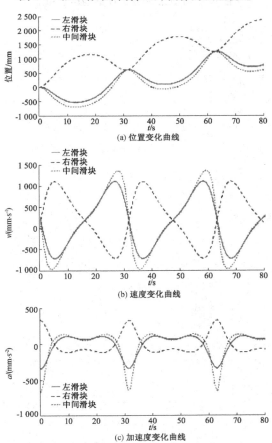

(a) 位置变化曲线

(b) 速度变化曲线

(c) 加速度变化曲线

图 6-8　加工标准曲线 3 个滑块的运动特性曲线

图 6-9　加工空间任意曲线的运动轨迹

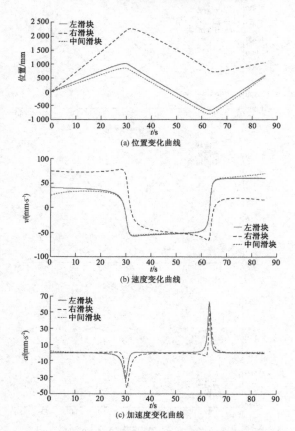

(a) 位置变化曲线

(b) 速度变化曲线

(c) 加速度变化曲线

图 6-10　加工空间任意曲线 3 个滑块的运动特性曲线

6.3 本章小结

本章首先进行了并联机床的模块化创建,在此基础上基于虚拟样机技术进行了其运动学性能仿真;分析所得运动学性能与第 2 章理论分析一致,证明其稳定的运动特性特别适合机械加工。

第7章 总结与展望

7.1 总 结

本书主要包括以下内容：

（1）介绍了目前数控并联机床现状、分类、优缺点，并且分析了其发展趋势；介绍了并联机床的运动学研究现状，以三平移并联机床为例，分析了三平移并联机床的机构构型，建立了其位置正、逆解模型，进行了速度和加速度分析，并将位置逆解模型作为运动轨迹计算的依据。

（2）介绍了插补算法的实现方法和发展现状，以空间直线插补和圆弧插补为例，介绍了基本的逐点比较法的实用方法与步骤，在传统插补算法的基础上提出了新的插补算法——弧度分割法。在弧度分割法的基础上，针对并联机床多自由度的特点进一步提出了多维坐标的插补算法，作为控制系统的算法基础。并且简要介绍了 NURBS 曲线插补算法。

（3）介绍了并联机床专用数控系统的研究现状，重点阐述了三平移并联机床数控系统的设计方法与步骤，实现了并联机床专用控制器的软硬件设计；给出了其中主要硬件的结构原理图及软件设计中的主要算法的算法描述；简要介绍了开放式数控系统。

（4）按照零件加工轮廓的要求，利用仿真工具对并联机床的运动轨迹进行模拟，对控制算法进行了验证。

7.2　展　望

进入 21 世纪,计算机控制技术的快速发展和并联机床的诸多优势使得其应用领域不断扩大。

并联机床是一种具有广阔应用前景的机床新构型。并联机床从机械设计的角度来看,其理论和方法体系还处于不断完善的阶段,其应用还在不断成熟。由于时间有限,书中只就其和控制相关部分的理论与应用问题进行了研究,还有许多问题有待我们去探索和解决。

而计算机控制技术的发展相对于并联机床而言已经有了很大的发展,但对并联机床的控制还处于初级阶段,主要是受控制算法的制约,对各种并联机床的各种不同控制算法的研究将是未来几年中研究的重点。

参考文献

[1] 张学良,温淑花,王培霞. 并联机床及其前景展望[J]. 太原重型机械学院学报, 2003, 24(3): 195 – 200.

[2] Liu X J, Jeong J I, Kim J. A three translational DOFs parallel cube-manipulator[J]. Robotica, 2003, 21(6): 645 – 653.

[3] Stewart D. A platform with 6 degrees of freedom[J]. Proceedings of Institute of Mechanical Engineering, 1965, 180(15): 371 – 386.

[4] Hunt K H. Kinematic geometry mechanism[M]. Oxford: Oxoford University Press, 1978.

[5] Bonev I. Delta parallel robot-the story of success[OL]. The Parallel Mechanisms Information Center, 2001. http://www.paralemic.org/reviews/review002.html.

[6] [中]张曙,[德] Heisel U. Parallel kinemaics machine tool [M]. 北京:机械工业出版社, 2003.

[7] 言宣川. 机床结构的重大创新——VARIAX 机床问世[J]. 世界制造技术与装备市场, 1995(1): 16 – 17.

[8] 中国机床工具工业协会赴 EMO 97 工作组. EMO97 新技术系列报导之一——六条腿机床取得重大进展[J]. 世界制造技术与装备市场, 1998(1): 17 – 22.

[9] 中国机床工具工业协会赴 EMO'99 考察组. 并联杆系机床的新发展 EMO'99 技术考查报告之一[J]. 世界制造技术与装备市场, 1999(4): 16 – 18.

[10] 高建设. 新型五自由度并联机床驱动输入选择与运动学标

定研究[D]. 秦皇岛:燕山大学,2006.

[11] 李雷. 并联机床的新发展——在汉诺威 EMO2001 展出的并联机床[J]. 世界制造技术与装备市场, 2002(3): 15 - 19.

[12] 丁雪生. 2003 年米兰 EMO 欧洲国际机床展技术产品评述[J]. 世界制造技术与装备市场, 2004(2): 32 - 36.

[13] 沈福金. 美国芝加哥国际制造技术展(IMTS2004)掠影[J]. 世界制造技术与装备市场, 2004(5): 30 - 31.

[14] 沈福金. 由 EMO Hannover2007 展会看机床技术的发展水平和发展趋势[J]. 世界制造技术与装备市场, 2007(6): 34 - 41.

[15] Tsai L W, Stamper R E. A parallel manipulator with only translational degrees of freedom[C]. Technical Research Report, 1997: 72 - 97.

[16] 陈小岗. 交叉杆式 6 轴并联机床误差及刚度特性分析[D]. 南京:南京理工大学, 2013.

[17] 赵亮. 一种 2UPS_UPR 并联机床的设计理论与关键技术研究[D]. 沈阳:东北大学, 2010.

[18] 汪劲松, 黄田. 并联机床——机床行业面临的机遇与挑战[J]. 中国机械工程, 1999,10(10): 1103 - 1107.

[19] 梁训瑄. 透过 CIMT2007 认识我国机床工业[J]. 锻压装备与制造技术, 2007(3): 5 - 7.

[20] 朱春霞. 基于虚拟样机的并联机床若干关键技术的研究[D]. 沈阳:东北大学, 2007.

[21] 李强, 闫洪波, 杨建鸣. 虚拟轴并联机床研究的发展、关键技术及趋势[J]. 组合机床与自动化加工技术, 2006(8): 1 - 4.

[22] Yang D C H, Lee T W. Feasibility study of a platform of robotic manipulators from a kinematic viewpoint[J]. Journal of Mechanical Design, 1984, 106(2): 191 - 198.

[23] 曲义远, 黄真. 空间六自由度多回路机构位置的三维搜索

方法[J]. 机器人, 1989(5): 25 - 29.

[24] Innocenti C, Parenti – Castelli V. Forward kinematics of the general 6 – 6 fully parallel mechanism: An executive numerical approach via a mono dimension search algorithm[J]. Journal of Mechanical Design,1993,115(4):932 – 937.

[25] Shi X, Feshton R G. Solution of a general 6-DOF stewart platform based on three point position data[C]. In: Proceedings of the Eighth World Conference on Theory of Machines and Machanisms, Prague, 1991: 1015 – 1018.

[26] Wampler C W. Forward displacement analysis of general six-in-parallel SPS (Stewart) platform manipulators using SOMA coodinates[J]. Mech Mach Theory, 1995, 31(3): 331 – 337.

[27] Griffs M, Duffy J. A forward displacement analysis of a class of stewart platforms[J]. Robotic Systems, 1989, 6(6): 703 – 720.

[28] Nanua P, Waldron K. Direct kinematic solution of a stewart platform [J]. IEEE Transactions on Robotic Automation, 1990, 6(4): 438 – 444.

[29] Waldron K, Raghavan M. Kinematic of a hybrid series – parallel manipulation system[J]. ASME J. Dynamic System Meas Control, 1989, 111(2): 211 – 221.

[30] Innocenti C, Parenti – Castelli V. Direct position analysis of the stewart platform mechanism [J]. Mech Mach Theory, 1990, 25(6): 611 – 621.

[31] Cheok K C, Overholt J L, Beck R R. Exact method for determing the kinematics of a stewart platform using additional displacement sensors[J]. Robotics Systems, 1993, 10(5): 689 – 695.

[32] Merlet J P. Closed-form resolution of the direct kinematics of parallel manipulators using extra sensors data[C]. IEEE International Conference on Robotics and Automation, 1993(1):

200 – 204.

[33] Petrovic P B, Milacic V R. Closed-form resolution scheme of the direct kinematics of parallel link systems based on redundant sensory information[J]. Analysis of the CIRP, 1999, 48 (1): 341 – 344.

[34] Geng Z, Haynes L. Neural network solution for the forward kinematics problem of a Stewart platform[C]. Proceedings of the IEEE International Conference on Robotic and Automation, 1991: 2650 – 2655.

[35] Boudreau R, Levesque G, Darenfed S. Parallel manipulator kinematics learning using holographic neural network models[J]. Robotics and Computer Integrated Manufacturing, 1998, 14(1): 37 – 44.

[36] Fichter E F. A stewart platform-based manipulator: General theory and practical construction[J]. International Journal of Robotics Research, 1986, 5(2): 157 – 182.

[37] Merlet J P. Parallel manipulators part I: Theory design, kinematics, dynamics and control [J]. Inria Sophia Antrpolis, 1987: 1 – 10.

[38] 黄真, 赵永生, 赵铁石. 高等空间机构学[M]. 北京: 高等教育出版社, 2006.

[39] Lu Y, Hu B, Shi Y. Kinematics analysis and statics of a 2SPS + UPR parallel manipulator[J]. Multibody System Dynamics, 2007, 18(4): 619 – 636.

[40] 陈建涛, 郝秀清, 胡福生. 3RRC 并联机构位置和工作空间的图解法[J]. 山东理工大学学报, 2006,20(2): 26 – 29.

[41] Luh C M, Adkins F A, Haug E J, et al. Working capability ananlysis of stewart platforms[J]. Transactions of the ASME, Journal of Mechanical Design, 1996, 118(6): 220 – 227.

[42] Cleary K, Arai T. A prototype parallel manipulator: Kinemat-

ics construction, software, workspace results and singularity analysis[C]. In: IEEE International Conference on Robotics and Automation, Sacramenoto, USA, 1991: 566 – 571.

[43] 陈恳, 李嘉, 董怡, 等. 并联微操作手运动空间分析[J]. 中国机械工程, 1998(8): 47 – 49.

[44] 黄真. 空间机构学[M]. 北京: 机械工业出版社, 1991.

[45] Gosselin C M, Lavoie E, Toutant P. Robotics spatial mechanisms and mechanical systems[J]. ASME – 45, 1992: 323 – 328.

[46] Masory O, Wang J. Workspace evaluation of stewart platforms[C]. In: 22nd Biennial Mechanisms Conference, Scottsdale, USA, 1992:337 – 346.

[47] Pennock G R, Kassner D J. The workspace of a general geometry planar 3-DOF platform-type manipulator[J]. Journal of Mechanical Design, 1993(115): 269 – 276.

[48] Jo D Y, Haug E J. Workspace analysis of closed loop mechanisms with unilateral constrains[J]. Proceedings of ASME Advanced in Design Automation, DE, 1989, 3(3): 53 – 60.

[49] Gosselin C. Determination of the workspace of 6-DOF parallel manipulators[J]. Journal of Mechanical Design, 1990, 112(3): 331 – 336.

[50] Merlet J P. Determination of the orientation workspace of parallel manipulator[J]. Journal of Intelligent and Robotic Systems, 1995, 13(2): 143 – 160.

[51] Huang T, Wang J S, Whitehouse D J. Closed form solution to the workspace of Stewart parallel manipulators[J]. Science in China, Series E, 1998, 41(4): 384 – 403.

[52] Gosselin C, Angeles J. The optimum kinematic design of a spherical three Degree-of-Freedom parallel manipulator[J]. Journal of Machanisms, Transmissions and Automations in

Design, 1989, 111(2): 202 -207.

[53] Pittens K H, Podhorodeski R P. A family of stewart platform with optimal dexterity[J]. Journal of Robotic Systems, 1993, 10(4): 463 -479.

[54] Huang T, Whitehouse D J, Wang J S. Local dexterity, optimum architecture and design criteria of parallel machine tools[J]. Annals of the CIRP, 1998, 47(1): 347 -351.

[55] Huang T, Gosselin C M, Whitehouse D J, et al. Analytic approach for optimal design of a type of spherical parallel manipulators using dexterous performance indices[J]. Institution for Mechanical Engineers,2003,217(4):447 -455.

[56] Huang T, Li M, Li Z X, et al. Optimal kinematic design of 2-DOF parallel manipulators with well-shaped workspace bounded by a specified conditioning index[J]. IEEE Transactions on Robotics and Automation, 2004, 20(3): 538 -542.

[57] Gosselin C, Angeles J. The optimum kinematic design of a planar three degree-of-freedom parallel manipulators[J]. Journal of Mechanisms, Transmissions and Automations in Design, 1988, 110(1): 35 -41.

[58] Stoughton R, Arai T. A modified stewart platform manipulator with improved dexterity[J]. IEEE Transactions on Robotics and Automation, 1993, 9(2): 166 -173.

[59] 黄田, 汪劲松, Whitehouse D J. Stewart 并联机器人位置空间解析[J]. 中国科学,1998, 28(2): 136 -145.

[60] Liu X J,Wang J S,Günter P. A new family of spatial 3-DOF fully-parallel manipulators with high rotational capability[J]. Mechanism and Machine Theory, 2005, 40: 475 -494.

[61] Ji Z. Study of planar three-degree-of-freedom 2-RRR parallel manipulators [J]. Mechanism and Machine Theory, 2003, 38: 409 -416.

[62] Tsai L W, Walsh G, Stamper, R. Kinematics of a novel three degree of freedom translational platform[C]. The IEEE 1996 International Conference on Robotics and Automation, 1996: 3446 - 3451.

[63] Wu H P, Handroos H, Kovanen J, et al. Design of parallel intersector weld/cut robot for machining processes in ITER vacuum vessel[J]. Fusion Engineering and Design, 2003, 69:327 - 331.

[64] Wang J S, Liu X J. Analysis of a novel cylindrical 3 - DOF parallel robot [J]. Robotics and Autonomous Systems, 2003, 42: 31 - 46.

[65] Han K, Chung W Y, Youm Y. New resolution scheme of the forward kinematics of parallel manipulators using extra sensor[J]. Transactions of the ASME J of Mech Gesign, 1996, 118(2): 214 - 219.

[66] Alizade R I, Tagjyev N R. A forward and reverse displacement analysis of a 6-DOF in-parallel manipulator[J]. Mech. Theory, 1994, 29(2): 115 - 124.

[67] Zhao X H, Peng S X. A successive approximation algorithm for the direct position analysis of parallel manipulators[J]. Mech. Mach. Theory, 2000, 35(8): 1095 - 1101

[68] 蔡自兴. 机器人学[M]. 北京:清华大学出版社, 2000.

[69] 黄真, 孔令富, 方跃法. 并联机器人机构学理论及控制[M]. 北京: 机械工业出版社, 1997.

[70] 张建生. 数控系统应用及开发[M]. 北京: 科学出版社, 2006.

[71] Tian D X, Dong X, Lang F. Design and realization of control system for three degree-of-freedom parallel machine tool[J]. Machinery Design & Manufactrure, 2011, 20(5): 229 - 234.

[72] 鲜鸿熊, 李秀峰. 并联运动机床现状与关键技术研究综述[J].

机床与液压, 2010, 38(1): 116 - 119.

[73] 郭涛, 李斌, 周云飞, 等. 五坐标虚拟轴数控机床运动控制算法的研究[J]. 华中科技大学学报(自然科学版), 2000, 28(3): 22 - 23.

[74] 杜玉红, 李佳, 黄田. 双并联机构机床数控编程中刀位坐标变换[J]. 组合机床与自动化加工技术, 2002(1): 1 - 3.

[75] 张建生, 迟磊. CNC 高速插补的探索 [J]. 南通工学院学报, 2001, 17(2): 26 - 28.

[76] 王忠华, 李铁民, 汪劲松, 等. 虚拟轴机床插补的姿态控制策略研究[J]. 制造技术与机床, 2000(6): 6 - 8.

[77] 李宏彬. 基于 3-PTT 并联机构的混联机床的设计与仿真 [D]. 西安:西安理工大学, 2007.

[78] 李杨. 3-TPS 混联机床五轴联动插补技术及精度分析[D]. 沈阳:东北大学, 2011.

[79] 王宏. 并联机床数控系统的研制[D]. 哈尔滨:哈尔滨工业大学, 2000.

[80] 王洋, 倪雁冰, 黄田, 等. 并联机床插补算法与原理性插补误差预估[J]. 机械工程学报, 2001, 37(6): 1 - 6.

[81] 游有鹏, 王珉, 朱剑英. NURBS 曲线高速高精度加工的插补控制[J]. 计算机辅助设计与图形学学报, 2001, 13(10): 943 - 947.

[82] 周凯. 虚拟轴数控机床刀具运动状态的实时规划[J]. 信息与控制, 1999, 28(5): 333 - 338.

[83] 张珲, 徐宗俊, 郭钢等. CNC 机床中的 NURBS 插补[J]. 制造技术与机床, 1999(3): 19 - 21.

[84] Gojtan G E E, Furtado G P, Hess - Coelho T A. Error analysis of a 3-DOF parallel mechanism for milling applications[J]. Journal of Mechanisms and Robotics, 2013, 5(3): 1194 - 1227.

[85] 侯金枝. NURBS 插补算法的研究与开放式数控系统开发 [D]. 沈阳:东北大学, 2008.

[86] 张建生. 相位控制式 CNC 数控系统的研究[J]. 南通工学院学报, 1998(4): 20 – 22.

[87] 石宏, 蔡光起, 史家顺. 开放式数控系统的现状与发展[J]. 机械制造, 2005, 43(6): 18 – 21.

[88] 宋国锋. 运动模拟器及其运动平台系统的发展现状及应用前景[J]. 机械设计与制造, 2008(6): 230 – 232.

[89] 林金兰. 数控系统的发展趋势——开放式数控系统[J]. 机床与液压, 2003(6): 24 – 26.

[90] 陈修龙, 赵永生. 并联机床数控编程理论与应用[M]. 北京: 中国电力出版社, 2013.

[91] Yang X J, Zhang M Z, Xu A J Based on windows platform open style numerical control system's research [J]. Machinary Design &Manufacture, 2010, 12(4): 534 – 538.

[92] 张连军, 何春俐. 开放式数控系统的发展现状[J]. 机械管理开发, 2010, 25(1): 15 – 16.

[93] 崔贵波, 吴伏家. 现代数控技术的发展动态[J]. 机械管理开发, 2008(4): 3 – 4.

[94] Shang W, Cong S. Robust nonlinear control of a planar 2-DOF parallel manipulator with reductant actuation[J]. Robotics and Computer Integrated Manufacturing, 2014, 30(6): 597 – 604.

[95] Peng Y H, Bai H Q, He N, et al. Research and development of open numerical control system[J]. Applied Mechanics & Materials, 2010, 20 – 23(6): 254 – 258.

[96] Liang H, Huang S, Chen W Y. Research on the force control system of 3PRS/UPS parallel machine tools[J]. Journal of Qingdao University, 2010, 186(6): 471 – 503.

[97] 李开华. 基于 PA 数控系统并联机床运动控制研究[D]. 南京: 南京理工大学, 2016.

[98] 李铁民, 杨向东, 叶佩青, 等. 虚拟轴机床数控系统的研究[J]. 制造技术与机床, 1999(2): 13 – 15.

[99] 刘文涛. 并联机床性能分析与研究[D]. 哈尔滨：哈尔滨工业大学, 2000.

[100] 王忠华, 汪劲松, 杨向东, 等. VAMT1Y 虚拟轴机床数控系统直线和圆弧插补仿真研究[J]. 中国机械工程, 1999, 10(10)：1121 - 1123.

[101] 韩海生, 黄田, 周立华, 等. 虚拟环境下并联机床建模与仿真[J]. 制造技术与机床, 2000, 20(1)：19 - 20.

[102] 刘小鹏, 张卫国. 机床模块化设计中的模块创建及应用[J]. 华中科技大学学报(自然科学版), 2000, 28(5)：16 - 17.

[103] 韩玥. 模块化设计数控机床结构运动仿真系统的建模[J]. 组合机床与自动化加工技术, 1999(3)：8 - 11.

[104] 汪劲松, 朱煜, 张华. 并联机床虚拟产品设计系统及基本框架研究[J]. 计算机集成制造系统, 2001, 7(5)：57 - 62.

[105] 韩水华, 卢正鼎, 陈传波. 基于特征的产品装配序列自动规划研究[J]. 机械与电子, 1999(5)：41 - 43.

[106] 郭旭伟, 王知行. 基于 ADAMS 的并联机床运动学和动力学仿真[J]. 机械设计与制造工程, 2003, 32(7)：119 - 122.

[107] 郑建荣. ADAMS——虚拟样机技术入门与提高[M]. 北京：机械工业出版社, 2002.